U0197471

中国工程院战略研究与咨询项目（编号 2021-XY-24）研究成果

我国煤层气有效开发战略研究

罗平亚　等　著

科学出版社

北　京

内 容 简 介

本书论证煤层气可以建立千亿立方米大产业的资源基础和勘查优势，阐明建立千亿立方米级煤层气新兴大产业的紧迫性，剖析国内外煤层气产业发展现状，厘清目前制约煤层气大产业有效开发的基础研究、科学问题和技术瓶颈。进一步，从原始理论与技术创新、国家战略规划、配套支持政策等方面，提出"由煤层气勘探开发原创理论与技术支撑形成一个煤层气新兴大产业"的发展战略构想和实施路径。

本书可供高校、研究院所从事煤层气相关研究的人员，以及政府、企业从事煤层气产业管理的人员参考使用。

GS 川（2024）60 号

图书在版编目（CIP）数据

我国煤层气有效开发战略研究 / 罗平亚等著. —北京：科学出版社，2024.6（2025.3 重印）

ISBN 978-7-03-078245-8

Ⅰ. ①我… Ⅱ. ①罗… Ⅲ. ①煤层－地下气化煤气－资源开发－研究－中国 Ⅳ. ①P618.11

中国国家版本馆 CIP 数据核字（2024）第 057976 号

责任编辑：罗　莉 / 责任校对：彭　映
责任印制：罗　科 / 封面设计：墨创文化

科学出版社 出版
北京东黄城根北街 16 号
邮政编码：100717
http://www.sciencep.com
四川青于蓝文化传播有限责任公司 印刷
科学出版社发行　各地新华书店经销

*

2024 年 6 月第 一 版　开本：B5（720 × 1000）
2025 年 3 月第二次印刷　印张：9 1/2
字数：185 000

定价：149.00 元

（如有印装质量问题，我社负责调换）

前　言

　　煤层气又称煤矿瓦斯，属于一种非常规天然气。煤层气资源的规模化、产业化开发对保障国家能源安全、实现双碳目标、提升煤矿安全水平意义重大。预计 2025 至 2050 年我国天然气对外依存度将维持 45%至50%，年供应缺口 2500 亿立方米至 3000 亿立方米。依靠常规天然气以及页岩气、致密气等非常规天然气开发难以弥补这个缺口。我国煤层气资源极其丰富，具备建成年产千亿方级煤层气大产业的资源基础。一旦开发技术取得突破，就能实现煤层气千亿方级别的年产量，进而大幅降低我国天然气对外依存度。

　　经过约 30 年全面系统的科技攻关，我国煤层气产业已初具规模。已经形成了适用于沁水盆地、鄂尔多斯盆地东缘中高煤阶煤层气的勘探开发技术，在深层煤层气开发领域取得重要突破。煤层气已成为补充天然气供应的区域性气源。然而，我国煤层气年产量已连续在"十一五""十二五""十三五"三个五年规划未达到预期目标，预期的年产量已逐步下调至 100 亿立方米，对我国急需大力发展的天然气产业难以作出应有贡献。

　　为明晰我国煤层气产业发展潜力，中国工程院设立战略研究与咨询项目"我国煤层气有效开发发展战略研究"（编号 2021-XY-24）。项目由中国工程院罗平亚院士担任第一负责人，中国工程院李晓红院士、彭苏萍院士、袁亮院士、李根生院士等为顾问，汇聚了西南石油大学油气藏地质及开发工程全国重点实验室李小刚、范翔宇、彭小龙、朱苏阳、张千贵、李相臣，中国矿业大学秦勇、申建、史锐，中国石油天然气集团公司朱庆忠，中国石油学会徐凤银，中国石油华北油田分公司杨延辉、李梦溪、刘忠、张聪、张永平、张学英、张永琪、鲁秀芹、王三帅、王玉婷、毛崇昊，中石油煤层气公司郭智栋、王凤林、王玉斌、刘新伟、王成旺、孟文辉、王英明、袁洋，中联煤层气有限责任公司孟尚志，重庆大学葛兆龙、卢义玉、李瑞、周军平、周哲，中国矿业大学（北京）李勇、王延斌，重庆非常规油气研究院有限公司潘军，重庆万普隆能源股份有限公司李金平、何日升、徐政益、赵恒平，安徽理工大学刘会虎、徐宏杰等国内煤层气相关领域的数十名研究骨干。项目组综合应用煤田地质学、煤矿瓦斯动力学、气藏工程及采气工程相关理论方法，系统分析研究了煤层气井生产过程甲烷解吸、扩散、渗流的机理及其对产量的影响，研究结果证实我国煤层气可以建立高效勘探、有效开发的理论与技术体系，能够支撑我国建成煤层气大产业，保障能源安全与高质量发展。

项目组以研究成果为基础，结合国内外煤层气产业发展动态，撰写了本书。全书分六章。第一章"我国煤层气资源概况"由李勇编写，范翔宇校审，彭苏萍、张永平、王延斌提出了写作建议。第二章"建立新兴千亿立方米级天然气大产业的紧迫性"由罗平亚、王凤林、张千贵、范翔宇编写，李小刚校审，徐凤银、郭智栋提出了写作建议。第三章"全球煤层气产业现状及分析"由罗平亚、秦勇、朱苏阳编写，彭小龙校审，王凤林、徐凤银、孟尚志、申建提出了写作建议。第四章"我国煤层气形成新兴大产业的可能性和风险"由罗平亚、郭智栋、李相臣编写，李小刚校审，王凤林、王玉斌、葛兆龙提出了写作建议。第五章"煤层气新兴大产业的发展战略和实施路径研究"由罗平亚、卢义玉、李小刚、葛兆龙、申建、李瑞编写，李小刚、葛兆龙校审，潘军、葛兆龙提出写作建议。第六章"优化煤层气新兴大产业的支持政策"由李金平、何日升、徐政益、赵恒平编写，潘军校审，李小刚、王凤林提出了写作建议。全书由罗平亚审定。

西南石油大学孟英峰、康毅力为项目攻关提供了重要的指导建议，白杨、黄瑞瑶等老师和贺宇廷、刘建平等博士生为项目研究、专著撰写做了大量工作。科学出版社罗莉等对专著出版做了细致工作。

本书参考了国内外同行的研究成果，在此一并致谢。

由于作者水平所限，文中疏漏难以避免，欢迎广大读者批评指正。

目　　录

第1章 我国煤层气资源状况

我国能源发展应以服务国家战略大局，保障国家能源安全为己任。面对日益复杂多变的国际环境，"将能源的饭碗牢牢端在自己手里"显得尤为重要。随着国民经济的快速发展，我国能源需求持续快速增长，对外依存度将在较长时间内保持在 40%～50%。在国家"双碳"目标下，加快发展国内天然气业务成为保障国家能源安全，完成既定目标的必由之路。煤层气以其巨大的资源基础以及多年来的开发技术积淀，必须且必然要发挥巨大作用。

煤层气新兴大产业是指以煤层气、与煤层共生的致密砂岩复合气、煤炭生产过程中的瓦斯为主要资源基础，以多学科融合攻关建立的原创理论与技术为支撑，建成的年产量达千亿立方米级的大产业。预计到21 世纪中叶，煤层气与常规天然气、页岩气等协同发展，有望实现我国天然气自给自足。

本章重点论述煤层气新兴大产业覆盖的资源类型、资源分布和资源可靠性，为进一步论证煤层气大产业可行性和实施路径奠定基础。

1.1 煤层气新兴大产业覆盖的资源类型

我国煤层气资源种类齐全且极为丰富，足以支持形成年产千亿立方米级煤层气大产业的资源基础。传统煤层气产业包括在地面煤层气井生产的天然气，这种类型以油气公司主导，将煤层气作为典型的非常规天然气进行勘探开发；也包括煤矿安全生产整个环节中抽采的天然气，涵盖规划区、准备区、生产区、采空区地面和井下联合抽采的天然气。地面开发的煤层气纯度高，便于直接输运利用，经济效益显著。井下抽采的煤层气甲烷浓度普遍较低，需要进一步提纯转化，经济效益有待提升。当前我国煤层气产业，以地面煤层气井开发为主体，建设了沁水盆地南缘和鄂尔多斯盆地东缘等产业基地。

随着煤层气勘探开发技术的不断进步，相关地质理论、钻完井工艺、储层改造和排采技术也快速发展。煤层气的开发形式和开发领域在近年进一步拓展，包括颇受关注的煤系气、煤与煤层气共采和煤矿瓦斯回收利用等。这些资源立足于煤层这一生气和富气主体，主要表现为天然气以吸附或者游离的形式赋存于煤层及上下邻近层系中。这些资源的开发共同服务于煤层气产业的发展和进步。

基于此，本书提出的煤层气新兴大产业的资源类型较传统意义上的煤层气产业资源类型有较大的拓展——从浅煤层气藏拓展到 2000m 以深的煤层气藏，从煤层气拓展到与煤层共生的致密砂岩复合气，从地面钻井开发的煤层气拓展到煤炭生产过程中零排放回收利用的瓦斯。换言之，新兴煤层气大产业的开发方式包括但并不局限于煤层气和煤系气地面开发、煤与煤层气共采、煤矿瓦斯回收利用。

地面开发煤层气，通常定义为赋存在煤层中、以甲烷为主要成分、以吸附在煤基质颗粒表面为主、部分游离于煤孔隙中或者溶解于煤层水中的烃类气体，属于非常规天然气。地面开发一般涉及钻井（包括直井、水平井、丛式井、U 形对接井等）、测井、固井、压裂等施工环节及后期的排采管理、集输和储存工程。

地面开发煤系气，又称为煤系天然气或煤系非常规天然气。煤系地层中煤、碳质泥页岩和暗色砂、泥、页岩生成的天然气，是一个很宽泛的概念，此处的煤系气主要指与煤层气资源分布紧密关联的与煤层叠合共生的致密砂岩复合气资源，这种致密砂岩气无法单独实现工业化开采。由此可见传统意义上的煤层气是煤系气的组成部分。所以为方便阐述，本书如无特别说明，"煤层气"是指传统意义上的煤层气，即赋存在煤层割理与基质孔隙中以甲烷为主要成分的天然气。这种多岩性煤系叠置储层常见于海陆过渡相三角洲-潮坪-潟湖和陆相河流-三角洲-湖泊体系，赋存基础在于：①煤系源岩生烃过程中饱和超压，气体扩散运移至邻近层位成藏；②煤系具多旋回性，形成多层叠置含气系统。煤系气可进一步划分（或者拓展）为非常规"连续型"和常规"圈闭型"天然气，前者是指煤层气、煤系页岩气和煤系致密气；后者则由煤系生成，但是以常规圈闭形式聚集的天然气（邹才能等，2019）。煤系气涵盖了煤系源岩内部或紧邻层段的连续型天然气，可以与地面开发煤层气同步或者同时进行。

煤与煤层气共采，是指立足煤矿安全生产的需求，在煤炭生产区，地面煤层气与地下煤炭协同开采，结合煤层气地面开采和煤炭地下开采方法，采取特定的卸压工艺与技术高效地将煤炭与煤层气共同开采出来。当前共采可以实现煤矿区"四区联动"，即规划区、准备区、生产区、采空区联动，结合煤层气抽采与煤炭开采的最新理论与技术工艺，构建最佳应用效果，最大限度实现两种资源经济、绿色、安全、高效开发。

煤矿瓦斯回收利用，指在煤矿生产中，将生产过程中从煤层中释放出来的瓦斯收集起来加以合理利用，变害为宝，作为清洁能源应用到工业化工原料、发电等方面。对煤矿瓦斯的回收利用，可以提高煤矿开采的安全性，降低通风生产成本，同时又增加了一个新的清洁能源来源，从而提高煤矿经济效益。

1.2　煤层气资源状况

1.2.1　煤层气资源分布情况

我国是世界上最大的煤炭生产和消费国，作为世界上最早开采煤层气的国家，我国早在公元 900 年就使用煤层气煮盐（杨福忠等，2013）。我国对煤层气资源进行评价已有十多轮，在 2006 年《新一轮全国煤层气资源评价报告》中，我国埋深 2000m 以浅煤层气地质资源量为

36.8 万亿 m^3，可采资源总量为 10.86 万亿 m^3。2015 年对煤层气资源进行的动态评价显示，我国 2000m 以浅煤层气地质资源量为 30.05 万亿 m^3，其中可采资源量为 12.50 万亿 m^3（张道勇等，2018）。2020 年我国煤层气探明储量为 3315.54 亿 m^3，同比上升 15.71%（图 1-1）。值得注意的是，在"十三五"期间煤层气探明储量各年度变化不大，特别是在 2016～2019 年，每年新增探明储量总体呈现下降趋势。但是随着"十三五"期间开发技术和工艺的不断进步，在 2020 年煤层气新增探明储量重新出现了一定规模的增长。

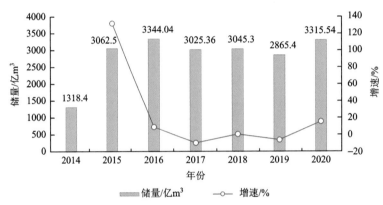

图 1-1 2014～2020 年煤层气新增探明储量变化情况

（数据来自自然资源部官网）

我国煤层气资源（以 2006 年《新一轮全国煤层气资源评价报告》中 2000m 以浅煤层气地质资源量为 36.8 万亿 m^3 为基准），其分布可以划分为五大赋气区，按照资源量占比从少到多分别是青藏、南方、西北、华北和东北。青藏赋气区仅占全国总量的万分之一左右，南方赋气区约占全国的 12.66%，西北赋气区则大约占全国的 28.14%，华北赋气区约占全国的 28.44%，东北赋气区约占全国的 30.75%。各赋气区在 2000m 以浅的煤炭资源量和地质资源量，如表 1-1 所示。

表1-1　全国煤层气资源深度分布表

大区名称	深度/m	煤炭资源量/亿t	煤层气地质资源量/亿m³	煤层气地质资源量所占比例/%	不同区带资源占比/%
东北	风化带下限～1000	9383.22	54207.62	47.89	30.75
	1000～1500	3791.00	29861.06	26.38	
	1500～2000	3528.65	29115.01	25.73	
华北	风化带下限～1000	7339.07	31116.13	29.73	28.44
	1000～1500	5579.05	30188.54	28.84	
	1500～2000	7709.83	43371.69	41.43	
西北	风化带下限～1000	6175.53	28887.19	27.89	28.14
	1000～1500	6074.54	35102.99	33.89	
	1500～2000	6372.26	39601.88	38.22	
南方	风化带下限～1000	2341.37	28452.71	61.03	12.66
	1000～1500	737.19	10959.14	23.51	
	1500～2000	489.61	7210.00	15.46	
青藏	风化带下限～1000	2.26	44.34	100.00	0.01
合计	风化带下限～1000	25241.45	142707.99	38.77	
	1000～1500	16181.78	106111.73	28.82	
	1500～2000	18100.35	119298.60	32.41	

注：据原国土资源部2009年数据。

全国42个含气盆地（群）按照煤层气资源量的规模分为四类：地质资源量大于1万亿m³的为大型含气盆地（群），共有9个，依次为鄂尔多斯、沁水、准噶尔、滇东黔西、二连、吐哈、塔里木、天山和海拉尔盆地（群）；地质资源量为0.1万亿～1万亿m³的为中型含气盆地（群），有川南、黔北、豫西、川渝等16个盆地（群）；地质资源量为0.02万亿～0.1万亿m³的为中小型含气盆地（群），有阴山、湘中、滇中等6个盆地（群）；地质资源量小于0.02万亿m³的为小型含气盆地（群），包括辽西、敦化—抚顺、冀北等11个盆地（群）。

地质资源量大于 1 万亿 m³ 的 9 个大型含气盆地（群）累计地质资源量为 30.96 万亿 m³，累计可采资源量为 9.31 万亿 m³，分别占全国的 84.13%和 85.73%，是煤层气资源分布的主体，其中鄂尔多斯盆地地质资源量最多，达 9.86 万亿 m³，占全国的 26.79%；地质资源量超过 3 万亿 m³ 的盆地（群）还有沁水、准噶尔和滇东黔西，分别为 3.95 万亿 m³、3.82 万亿 m³ 和 3.47 万亿 m³，占全国的 10.73%、10.38%和 9.43%。可采资源量最多的是二连盆地，达 2.10 万亿 m³，占全国的 19.34%；可采资源量超过 1 万亿 m³ 的盆地（群）还有鄂尔多斯、滇东黔西和沁水，分别为 1.79 万亿 m³、1.29 万亿 m³ 和 1.12 万亿 m³，占全国的 16.48%、11.88%和 10.31%。

除去地质资源量大于 1 万亿 m³ 的 9 个大型含气盆地（群），其余 33 个盆地（群）累计地质资源量为 5.84 万亿 m³，累计可采资源量为 1.55 万亿 m³，占全国的 15.87%和 14.27%。其中中型盆地（群）共有 16 个，包括川南、黔北、豫西、川渝、三塘湖、徐淮、太行山东麓、宁武、三江—穆棱河、冀中、大同、京唐、柴达木、浑江—红阳、豫北—鲁西北、河西走廊盆地（群），累计地质资源量与可采资源量分别为 5.48 万亿 m³ 和 1.41 万亿 m³，占全国的 14.89%和 12.98%；中小型盆地（群）包括阴山、湘中、滇中、萍乐、苏浙皖边、桂中共 6 个盆地（群），累计地质资源量与可采资源量分别为 0.29 万亿 m³ 和 0.11 万亿 m³，占全国的 0.79%和 1.01%；小型盆地（群）包括辽西、敦化—抚顺、冀北、长江下游、依兰—伊通、扎曲—芒康、松辽、浙赣边、蛟河—辽源、延边、大兴安岭共 11 个盆地（群），累计地质资源量与可采资源量分别为 0.07 万亿 m³ 和 0.03 万亿 m³，仅占全国的 0.19%和 0.28%。

1.2.2 煤层气重点开发矿区

国家统计局数据显示，2015～2021 年我国煤层气产量整体上呈上升趋势，到 2021 年我国煤层气产量达到 104.7 亿 m³，同比上升 2.35%，主要由地面煤层气井贡献（图 1-2）。但随着国家财政持续支持，以及政策和技术问题持续优化，煤层气的产能建设和实际产量都将迎来快速增长期，且开采资源的利用率也将进一步提高。从分省来看，我国煤层气主要产区在山西省，2021 年山西省煤层气产量达到 89.5 亿 m³，占 2021 年煤层气总产量的 85.48%。

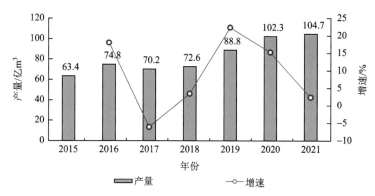

图 1-2　2015～2021 年我国煤层气产量变化情况

（数据来自国家统计局官网）

全国划定了 13 个煤层气重点矿区（其中 11 个为煤炭国家规划矿区），分别为沁水盆地晋城、阳泉、潞安、西山矿区，鄂尔多斯盆地东缘保德、柳林、乡宁、韩城矿区，以及安徽淮南、淮北矿区，新疆乌东-阜康矿区，河南焦作矿区和云南恩洪-老厂矿区（门相勇等，2017）。划定的 13 个煤层气重点矿区，总面积 65683km²，煤层气地质资源总量 6.6093 万亿 m³。其中，埋深 1500m 以浅的煤层气地质资源量 4.7520 万亿 m³，占总量的 71.90%，1500～2000m 煤层气地质资源量 1.8573 万亿 m³，占总量的 28.10%（表 1-2）。

表 1-2　我国煤层气重点矿区煤层气资源量统计表（据国家统计局 2006 年数据）

重点矿区	面积/km²	含煤地层	煤炭分类	平均含气量/(m³·t⁻¹)	煤层气地质资源量/亿 m³			平均资源丰度/(亿 m³·km⁻²)
					<1500m	1500～2000m	合计	
晋城	6379	C_2-P_1	无烟煤	14.1	6605	108	6713	1.86
阳泉	7880	C_2-P_1	贫煤-无烟煤	17.2	7399	6283	13682	1.67

续表

重点矿区	面积/km²	含煤地层	煤炭分类	平均含气量/(m³·t⁻¹)	煤层气地质资源量/亿 m³			平均资源丰度/(亿 m³·km⁻²)
					<1500m	1500~2000m	合计	
潞安	9697	C₂-P₁	瘦煤-无烟煤	9.9	6668	3782	10450	1.66
西山	1964	C₂-P₁	肥煤-无烟煤	8.0	1908	—	1908	0.95
保德	9571	C₂-P₁	长焰煤-肥煤	8.0	6539	2980	9519	1.55
柳林	2933	C₂-P₁	肥煤-瘦煤	10.0	2290	—	2290	1.27
乡宁	4312	C₂-P₁	肥煤-贫煤	6.9	3293	835	4128	0.85
韩城	2462	C₂-P₁	贫煤-无烟煤	16.1	3281	—	3281	1.91
淮南	3340	P₁-P₂	气煤-瘦煤	6.8	2459	1395	3854	2.52
淮北	12149	P₁-P₂	气煤-肥煤	7.5	1389	995	2384	1.02
乌东-阜康	334	J₁₋₂	气煤-长焰煤	6.0	1677	559	2236	8.04
焦作	1537	C₂-P₁	无烟煤	20.1	1267	467	1734	1.79
恩洪-老厂	3125	P₂	焦煤-无烟煤	>9.0	2745	1169	3914	2.08

注：含煤地层及煤炭分类据《中国煤炭分类》（GB/T 5751—2009）。

1.2.3 煤层气资源勘查的优势

本书所述的以煤层为主要层段的煤层气资源，其勘查背景为煤炭资源，故较其他非常规天然气资源，具有勘查基础更扎实、可靠性更强的特点。尽管煤炭与煤层气资源评价的目的不同，但是，煤炭与煤层气是一个整体的两个方面，在很多方面可以"一石二鸟"。煤炭资源评价结果可以作为煤层气资源评价的基础；而深入了解煤体特征和煤层割理、渗透率、孔隙率、吸附、解吸等煤层气特征，也有利于加深煤层瓦斯评价，对于煤矿瓦斯治理和抽采具有十分重要的意义。

煤层气资源评价的目的是寻找和探明煤层气资源，为煤层气地面开发提供地质依据。煤层气资源评价研究内容需要对区域地质、勘查区含煤地层、构造、钻井资料、水文地质条件、煤层厚度和埋深等进行研究，对煤质顶底板岩性、煤层含气量等参数进行测试，并估算煤炭、煤层气资源/储量。煤炭资源勘查分为预查、普查、详查、勘探四个阶段。煤层气资源勘查分为预查、普查、预探、勘探四个阶段，且具有滚动勘查的特点。因此，煤层气勘查按照"有阶段而不唯阶段"的原则确定勘查部署。在以往煤炭资源勘查过程中，煤矿瓦斯评价主要从瓦斯地质条件角度进行评价，为煤矿瓦斯防治提供依据。

煤层气常采用矩形、正方形和菱形井网，其中矩形井网、正方形井网与煤炭勘查工程布置类似，且煤层气井网方位通常根据压裂裂缝方向和天然裂隙方向确定。煤层气以构造复杂程度和煤层稳定程度确定勘查类型，并以勘查类型确定基本勘查线距和井距。煤层气探明地质储量的基本井距，大致相当于煤炭推断资源量的基本线距，因此，煤层气勘探以煤炭为背景，并且可推动煤炭资源勘查程度基本达到普查程度，又进一步增强煤层气资源评价的可靠性。

1.3　煤层气资源可靠性分析

得益于煤层气资源勘查的优势，煤层气资源的可探明程度要高于其他的非常规天然气。因此，煤层气是我国非常规天然气中资源基础最优的类型。历次全国埋深 2000m 以浅煤层气地质资源量预测结果相差不大，变化值不超过 20%。原因在于，煤炭作为一种层状沉积地质体，煤层侧向分布总体连续且厚度相对于砂岩等更为稳定，地质认识和工程控制难度相对较低；煤层"有机储层"的特性有别于以无机储层为地质载体的其他类型天然气，微孔发育且吸附性强，业界普遍认为"有煤层就有气"。再通过投产率对比分析初步认为，我国埋深2000m 以浅煤层气资源量控制程度可能总体上高于其他类型天然气。

在资源可靠性方面，可从勘探程度加以分析。沁水盆地、鄂尔多斯盆地、太行山东麓、豫西、两淮、华南、东北等地区的煤田地质勘探程度较高，特别是沁水盆地、鄂尔多斯盆地东缘实施了上万口煤层气井，获取了大量的测试数据，煤层气资源量比较可靠；鄂尔多斯盆地侏罗系，新疆的吐哈盆地、塔里木盆地，东北的二连盆地、海拉尔盆地等测试资料较少，煤层气资源量可靠性较低。

1.3.1 煤储层含气性控制程度

煤层含气性控制程度是资源评价结果可靠性的关键，可用含气量、甲烷浓度或化学组成、资源丰度和含气饱和度四个要素予以表征。煤层含气性可靠程度同样依赖于勘查控制程度和地质认识程度两个方面，由此决定了含气性特点获得的方式或方法。全国性或区域性煤层气资源评价的煤层含气性参数多通过如下几个渠道获得，可大致分析全国煤层含气量及煤层气资源评价结果的可靠程度。

一是实测法。基于钻孔煤心解吸数据，不同阶段煤炭资源及煤炭/煤层气勘探勘查对煤层含气性控制程度有特定的规范性要求。受此约束，煤炭资源勘查+详查阶段对煤层含气性认识是可靠的（证实的），普查+预查阶段仅有轮廓性认识（概算的），找煤或预测阶段几乎没有煤心解吸实测资料予以支撑（可能的）。就此而言，对全国主要盆地煤层气风化带深度的认识总体上是可靠的。进一步而言，开发区块及煤层含气性及煤层气探明储量的评价结果也是相对可靠的。

二是含气性梯度法。主要利用浅部煤炭资源勘查区煤心解吸数据与深度之间拟合的正相关关系，推测本区或邻区较深煤层的含气性，这是煤炭资源普查+预查阶段常用的基本方法，也是2020年之前全国深部煤层含气性预测的基本方法。基于含气性所获得的煤层气资源属于预测（可能的）范畴。该方法的基本假设是煤层含气量随深度增大而增加，对于1000m以浅的煤层含气性预测是可信的。

三是等温吸附趋势法。一般基于朗缪尔（Langmuir）原理和方程，利用浅部钻井或邻近矿井煤样等温吸附实验数据，根据吸附等温线并适当考虑含气饱和度估算，获得不同深度煤层吸附气量数据，由此估算煤层气资源量。但是采用等温吸附趋势法求得含气性进而估算的煤层气资源量仅属于预测的（可能的）范畴。主要原因是，该法获得的煤层含气量因如下两大因素难以地质类比，导致预测结果往往与实际情况偏差较大：①不同煤阶或相同煤阶煤层吸附性差异较大，所基于的等温吸附煤样缺乏代表性；②含气饱和度估算除了煤岩煤质因素之外，严重依赖于储层压力的客观估算，而储层压力状态因地因煤层而异，该方面规律性和特殊性认识目前尚未获得。

　　四是含气量或资源丰度类比法。该方法常用于评价区无浅部或无邻区勘查区实测解吸数据的煤层含气性预测。大型盆地 1000m 以深煤层气资源预测时，有零星深部找煤孔或油气井样品约束，也改变不了整个评价区煤层气资源量预测（可能的）实质。国土资源部 2006 年评价获得全国 1000～2000m 深度煤层气地质资源量 22.54 万亿 m^3，占地质资源总量（36.8 万亿 m^3）的 61.3%；中国地质调查局 2016 年动态评价获得全国同样深度煤层气地质资源量 18.87 万亿 m^3，占地质资源总量（36.8 万亿 m^3）的 51.3%。

　　全国煤层气甲烷浓度在 90% 左右，氮气浓度约为 8%，二氧化碳浓度约为 2%，重烃浓度极低。平均甲烷浓度高于 95% 的煤层主要见于华南地区的川南—黔北一带；甲烷浓度为 90%～95% 的煤层分布最为广泛，以东北地区南部、华北地区中部、华南地区南部和西北地区西部最为集中；甲烷浓度为 85%～90% 的煤层分布也比较广泛，如华北地区东南部、东北地区东部等；甲烷浓度为 80%～85% 的煤层分布较为局限，主要见于西北地区的东部和华北地区的中东部。

　　我国煤层气平均资源丰度大于 1.5 亿 m^3/km^2 的聚气带主要分布在西北地区西部、华北地区中部和滇东-黔西地区，例如沁水盆地、鄂尔多斯盆地东缘、太行山东麓、京唐、徐淮等聚气区带。准噶尔盆地南缘、塔里木盆地北缘等煤层含气量虽低，但煤层厚度极大（煤层累计厚度为几十米至 200m 左右），资源丰度极高。平均资源丰度为 0.5 亿～1.5 亿 m^3/km^2 的区域分布最为广泛，覆盖了东北地区、西北地区东部、华南地区西部以及华北地区的南缘、北缘和西缘。平均资源丰度小于

0.5 亿 m^3/km^2 的区域主要分布在华南地区东部，其次是华北地区的豫北—鲁西一带。

含气饱和度一般是在对应温压条件下，以现场取心实测含气量与理论最大吸附气量相比较获得。虽然在煤层密闭或非密闭取心过程中缺乏对游离气逸散量的准确评估，但已有数据仍能反映煤层含气饱和情况。对比鄂尔多斯盆地保德、临兴和大宁-吉县等区块的数据可以看出（图 1-3），含气饱和度总体随埋深增加有增高的趋势。保德区块在700～900m 有含气饱和度高值区，可能是由于次生生物成因气的补给，也可能是煤层抬升变浅之后地层压力降低导致的气体膨胀逸散。临兴区块在深部存在大量饱和度超过 100% 的数据点，显示了游离气存在。大宁-吉县区块在 1000m 左右埋深含气饱和度为 50%～80%，但是 2000m以深的数据点均在 87% 以上，并且大部分接近 100%。准噶尔盆地白家海凸起的煤层含气饱和度可达 150%，具有高游离气含量特征。

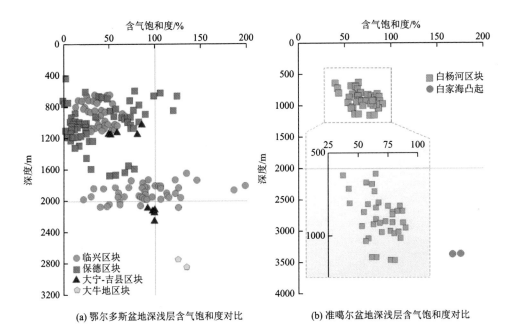

(a) 鄂尔多斯盆地深浅层含气饱和度对比　　　(b) 准噶尔盆地深浅层含气饱和度对比

图 1-3　鄂尔多斯盆地和准噶尔盆地煤层埋深变化与含气饱和度关系图

　　深部煤层含气量主要受压力正效应和温度负效应共同作用。煤层含气性在浅部一般随着埋深增加逐渐增大，后期随着温度的负效应增强，气体分子更加活跃，达到含气量最大的深度。傅雪海等（2014）基于煤矿含气量测试，提出不同煤阶煤层含气量转折深度大约在 900～1500m，并且随着煤阶升高转折深度对应变浅。陈刚等（2015）开展不同煤阶煤层气等温吸附测试并与深度拟合，提出低煤阶含气量转折深度为 1400～1700m，中高煤阶含气量转折深度为 1500～1800m（图 1-4）。结合不同埋深对应的温压特征估算，吸附气含量转折深度一般出现在 1500m 左右，大于此深度，吸附气量明显减少。煤层本身生气能力强，历史生气量远远大于当前煤层含气量，因此在发育良好盖层或者遮挡条件下，大量气体会受物性（毛管力差）等封闭在煤层中，形成高游离气含量。

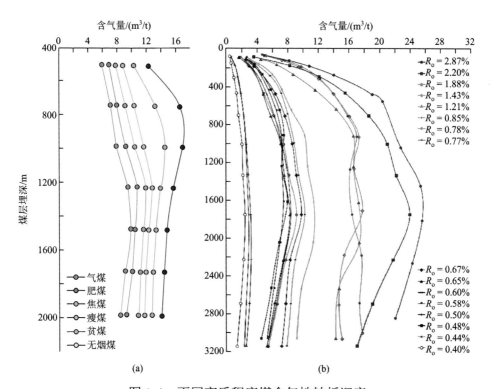

图 1-4　不同变质程度煤含气性转折深度

R_o 为镜质体反射率

（据傅雪海等，2014；陈刚等，2015）

随着勘探开发工艺技术的进步，煤层气资源可动用率和采收率进一步提高。近年来在山西省沁水县潘庄等地区开发的煤层气产量已经超过预测资源量的 100%，说明煤层气地下资源可能更加丰富。2020 年以来，深部煤层气逐渐成为煤层气勘探开发关注的热点，并不断取得勘探开发突破，成为煤层气产业发展的重要增长点。随着煤系气相关重点攻关项目的实施和完成，在陕西省临县-兴县和山西省乡宁等地区实现了开发突破，煤系丰富的非常规天然气资源得到了进一步的认识和拓展。

1.3.2　煤层气与其他类型天然气资源储量控制程度比较

关于煤层气资源储量可靠程度，前人从勘查控制程度本身视角做过宏观分析。煤层气与其他类型天然气一样，均属于天然气范畴，地质认识上具有一定的共性。同时，煤层气地质载体（煤层）为层状沉积矿产，且属于有机储层范畴，有别于以无机储层为地质载体的其他类型天然气。基于与其他类型天然气的对比，进一步从天然气地质载体和探井成功率两个方面概略分析，初步认为埋深 2000m 以浅煤层气资源储量的控制程度可能总体上高于其他类型天然气。

1. 地质载体地质认识程度比较

历次全国埋深 2000m 以浅煤层气地质资源量预测结果变化不大，业界广泛认可和使用的是国土资源部油气战略研究中心 2006 年公布的 36.8 万亿 m^3。战薇芸等（2020）采用地质类比法，研究了四川盆地海相碳酸盐岩天然气资源量储量转换规律，发现含气面积是引起储量升级变化的关键因素，其次是有效储层厚度、有效孔隙度、含气饱和度等；储量升级中，构造气藏含气面积变化最小，岩性气藏含气面积变化最大，但储量丰度变化相对较小。

李建忠等（2012）报道全国常规天然气地质资源量为 63 万亿 m^3，非常规天然气地质资源量为 139.8 万亿～227.8 万亿 m^3，其中可采资源量为 34.9 万亿～47.9 万亿 m^3，认为勘探与研究程度较低。截至 2018 年底全国常规天然气地质资源量为 78 万亿 m³,技术可采资源量为 48.45 万亿 m³;非常规天然气地质资源量为 284.95 万亿 m³,技术可采资源量为 89.3 万亿 m³(郑民等,2019)。其中,致密砂岩气地质资源量为 21.86 万亿 m³,页岩气地质资源量为 80.21 万亿 m³,煤层气地质资源量为 29.82 万亿 m³,天然气水合物为 153.06 万亿 m³。从 2012 年到 2018 年仅不到 10 年,常规天然气地质资源量评估结果增加了 24%,非常规天然气地质资源量评价结果增加了 25%~104%,但煤层气地质资源量变化不大。

煤炭作为一种层状沉积矿产,煤层侧向分布总体连续且厚度相对于砂岩等更为稳定,因此煤层气和煤系页岩气也是一种连续型气藏。煤储层具有强烈吸附性且有机质中发育大量封闭孔隙,储层本身具有天然气保存的先天条件,不仅"有煤层就有气"规律客观存在,而且"有煤样就有气"的现象也普遍存在。煤中瓦斯逸散是一个漫长过程,粒度为 100μm、1mm、1cm、1m 的煤"颗粒",解吸 90%瓦斯所需理论时间分别为 100h、30d、15a 和 150000a(李德详,1992)。

例如,采出地表且放置很长时间的煤样仍有残留瓦斯持续解吸,国家安全生产行业标准《矿井瓦斯涌出量预测方法》(AQ/T 1018—2006)将其残留解吸量规定为采出地表煤炭残存含气量(表 1-3)。又如,基于矿井卸压煤样解吸实验数据拟合关系外推,在大气压力(0.101MPa)条件下,柳林贺西、吕梁柳湾、淮北芦岭矿井卸压煤样的残余含气量分别为 0.41m³/t(原煤基)、1.25m³/t(原煤基)、0.42m³/t(原煤基)(孙昌宁,2021);基于阳煤一矿配煤中心地面无烟煤样 35℃解吸实验,在 120min 内获得累计解吸量 0.16m³/t(原煤基),且解吸量还在逐渐上升(宋彪彪等,2019)。再如,利用三件原生结构无烟煤样,在国家标准《煤层气含量测定方法》(GB/T 19559—2021)规定的解吸程序完成之后进一步粉碎加热,总解吸量比规定程序总含气量增加 3.85%~15.09%,平均增加 7.72%,分析认为增加的含气量来自煤中封闭孔隙,其中 DJ302 孔 16 号煤封闭孔解吸量为 5.93mL/g(图 1-5)。

表 1-3 采出地表煤炭残存含气量

指标	煤的挥发分产率/(%, daf)						
	6～8	8～12	12～18	18～26	26～35	35～42	42～56
残存含气量/(m³/t, daf)	9～6	6～4	4～3	3～2	2	2	2

注：daf：dry ash free，干燥无灰基，也叫可燃基。

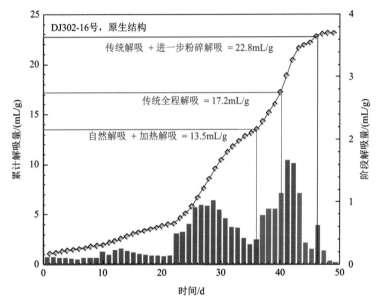

图 1-5 煤层气解吸量随时间变化图

注：数据引自陈义林等（2013）；红色柱代表加热解析量，蓝色柱代表常温解析量

我国长期以煤为主的能源结构特色，造就了一定赋存深度以内煤炭资源勘查控制的可靠性，同时煤炭勘查过程中对煤层瓦斯控制提出了不同程度的要求，即在煤炭勘查阶段就对煤层含气性有一定了解。同时，由于沉积有机质的孔隙结构和表面物理化学性质决定了煤层比以矿物作为储层骨架的无机储层更易保存天然气。结合上述煤层气与其他类型天然气地质资源量评估结果变化情况可以认为，对一定深度内煤层气地质载体的基本认识比对常规油气地质载体更可靠，煤层气地质载体勘查控制程度总体上高于常规油气地质载体。

2. 煤层气与其他类型天然气探井成功率比较

探井成功率系指已完成的探井数与获得商业油气流探井数之百分比。提高探井成功率是加快勘探速度、提高投资效益、降低投资风险的关键，影响因素包括地质和工程两个方面（罗平亚，1998）。地质因素主要有盆地分析、地质复杂程度、地震成像精度等。其中盆地分析和地质复杂程度可细化为地质类型、探测方法和标准选择、油气形成和分布规律认识、油气自身特性等因素。工程因素主要包括钻井工程、完井工程、测试及开采工程等方面。探井成功率反映地质勘探工作质量，也显著受到资源条件地质认识程度约束，由此影响到资源预测结果可靠性。

煤层气探井成功率目前难以准确定义。本书将投产井作为勘查成功标志，参考地矿行业标准《煤层气储量估算规范》（DZ/T 0216—2020）（表 1-4），考察历史与现状，认为煤层气探井成功率总体上高于其他类型天然气的探井成功率。

表 1-4　煤层气储量起算标准

指标	煤层埋藏深度/m		
	<500	500~1000	>1000
煤层气单井日产量下限/ $(m^3 \cdot d^{-1})$	500	1000	2000

我国煤层气井投产率一般为 50%～70%，少数区块可达 80%。截至 2010 年底，我国共施工地面煤层气井 5407 口，投产 3090 口，投产率为 57%（秦勇等，2013）。截至 2013 年底，全国累计施工煤层气井 14041 口，约有不产气井 3000 多口，低产井 4000 多口，探井成功率约 69%（叶建平等，2016）。截至 2020 年底，全国煤层气累计钻井 21217 口（直井 19540 口、水平井 1677 口），投产 12880 口，投产率 60.71%（秦勇等，2021）。截至 2018 年底，保德区块累计钻井 935 口，产气井 653 口，成功率 69.84%；韩城区块总井数 984 口，产气约 480 口，投产

率 48.78%（徐凤银等，2019）。截至 2021 年 8 月底，马必东区块示范工程钻井 228 口，井深平均 1200 米，投产 190 口，投产率 83.33%（叶建平，2022）。截至 2015 年底，沁水盆地钻井 10060 口，投产 7100 口，投产率 70.58%（叶建平等，2016）。截至 2020 年底，贵州省境内累计施工煤层气井 267 口，投产井约 110 口，投产率 41.20%（秦勇等，2021）。

总体来看，其他类型天然气探井成功率主要为 30%～60%，最高可达 70%左右，风险探井或预探井成功率低于 35%。2004～2018 年，中国石油天然气集团共部署风险探井 208 口，其中 68 口获工业油气流，探井成功率达 33%，超出 20%的既定目标。截至 2010 年底，华北和东北地区整体成功率为 52.62%，其中渤海湾盆地探井成功率 61.08%，松辽盆地 50.58%，鄂尔多斯盆地为 41.89%（图 1-6）（王春修和贾怀存，2011）。

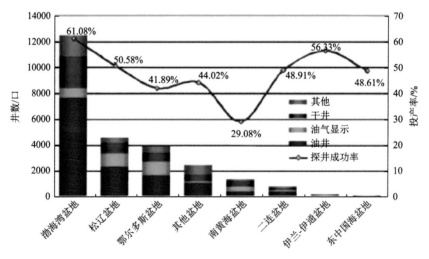

图 1-6　华北和东北地区油气探井分布和探井成功率

（王春修和贾怀存，2011）

同时也应看到，我国一些地区经过多年勘查煤层气开发尚未取得整体性突破，开发区块未产气井和低产气井（平均日产量少于 500m³）占比较高。例如，沁水盆地未产气和低产气井占 50%～75%（叶建平和陆小霞，2016）。造成这种局面的原因是多方面的，如针对构造煤地质禀赋的煤层气适应性勘查开发技术尚待形成，但地质认识可靠程度不足导致的勘查失利现象客观存在。

1.3.3 尚未规模勘探的深部煤层气资源

前期我国煤层气资源评价均是 2000m 以浅的煤层气，而 2000m 以深的资源量尚未涉及。针对全国 29 个主要盆地（群）2000m 以深煤层气资源量进行系统评价研究，其结果显示，2000m 以深煤层气地质资源量为 40.71 万亿 m^3，可采资源量为 10.01 万亿 m^3，其地质资源量大于 2000m 以浅煤层气地质资源量，且 96% 集中在三大盆地（图 1-7）。准噶尔盆地位列第一，2000m 以深地质资源量为 15.04 万亿 m^3，占全国同深度范围地质资源量的 37%；可采资源量为 4.42 万亿 m^3，占全国同深度范围可采资源量的 44%。鄂尔多斯盆地位列第二，2000m 以深地质资源量为 12.99 万亿 m^3，占全国的 32%；可采资源量为 3.08 万亿 m^3，占全国的 30%。吐哈-三塘湖盆地位列第三，2000m 以深地质资源量为 10.60 万亿 m^3，占全国的 26%；可采资源量为 1.55 万亿 m^3，占全国的 15%。

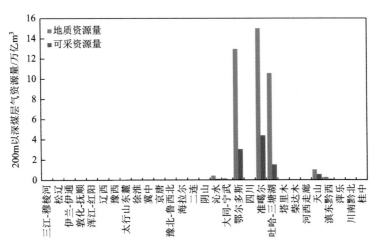

图 1-7 全国主要盆地（群）2000m 以深煤层气资源量评价结果

（申建和秦勇，2021）

1.3.4 煤系气资源

我国近年不断出现具体地区煤系气资源评价结果或开发实例。例如，我国 2019 年煤层气地面井产量为 54.63 亿 m^3，而产自煤层气区块且未纳入统计的煤系致密砂岩气产量高达 35 亿 m^3（秦勇等，2021）。再如，准噶尔盆地侏罗系煤系致密砂岩气地质资源量为 1.174 万亿～1.363 万亿 m^3，其中技术可采资源量为 0.528 万亿～0.614 万亿 m^3（吴晓智等，2016）。

据中国地质调查局评价数据，全国 2000m 以浅煤系气地质资源量为 82 万亿 m^3（毕彩芹，2019），其中煤层气地质资源量为 30.5 万亿 m^3（张道勇等，2018），煤系气/煤层气地质资源量比例系数为 2.69。贵州省杨梅树向斜煤系气地质资源量为 366 亿 m^3，比单纯评价的煤层气地质资源量提高了 6 倍（毕彩芹，2019）。贵州省煤田地质局在土城向斜施工盘参 1 井，尽管钻孔深度仅有 1100m，煤系气/煤层气地质资源密度比例系数仍高达 2.07（秦勇等，2021）。鉴于此，全国煤系气/煤层气地质资源量平均比例系数在 2.50 以上，即煤系气地质资源量至少是单纯煤层气地质资源量的 2.5 倍，煤系砂岩气与煤系页岩气地质资源量总量超过 120 万亿 m^3，全国煤系气地质资源量在 200 万亿 m^3 以上。

综上所述，煤层气大产业涉及的资源类型多样、资源量丰富且评价结果可靠，随着地质理论认识和勘探开发工艺的不断进步，可为实现煤层气大产业的快速发展和突破提供坚实的基础。

第 2 章　建立新兴千亿立方米级天然气大产业的紧迫性

2.1　构建"双循环"新发展格局保障国家能源安全

2.1.1　能源安全是新发展格局下高质量发展的重要基石

能源、材料、信息是人类社会进步的三大基础要素。当前国际形势正面临百年未有之大变局,面临的不稳定性、不确定性突出,国际能源格局发生重大调整,能源供需关系深刻变化,传统与新兴能源生产国之间角力加剧,能源生产国和消费国利益分化调整,全球能源治理体系加速重构。并且,国际竞争环境日益复杂,围绕能源市场和创新变革的国际竞争仍然激烈。保障能源安全已然成为世界各国发展的重要战略考虑。从国内看,党的二十大强调,全面建成社会主义现代化强国,总的战略安排是分两步走:从二〇二〇年到二〇三五年基本实现社会主义现代化;从二〇三五年到本世纪中叶把我国建成富强民主文明和谐美丽的社会主义现代化强国。因而当前中国不仅是全球能源合作的重要参与者,还是具有大国担当的全球能源治理领导者。我国虽是世界第二大经济体,却仍是人口超过 14 亿人的发展中国家,能源需求迫切,能源安全形势十分严峻。中国特色社会主义进入新时代,我国社会主要矛盾已经转化为人民日益增长的美好生活需要和不平衡不充分的发展之间的矛盾。我国社会主要矛盾的变化是关系全局的历史性变化,对党和国家工作提出了许多新要求。新时代的能源发展使命就是全面建设社会主义现代化能源强国。当前人民对能源的需求从"有没有""稳不稳"提升到了"好不好",对优美生态环境的需要日益增长，能源发展受到的期待、承担的任务、扮演的角色日益多元化。社会主义现代化能源强国，需要以清洁低碳、安全高效的现代能源体系为根基，以世界先进的能源科技创新为驱动力量，切实满足人民美好生活对能源的需要。

在加快构建以国内大循环为主体、国内国际双循环相互促进的新发展格局下，能源安全是社会主义现代化强国建设的重要保障。我国地大物博，国土辽阔，无论是不可再生的化石能源还是可再生资源，均在全球位居前列。同时，经过长期发展尤其是党的十八大以来的能源革命，我国能源行业厚植发展优势，取得了全方位的、开创性的成就，进行了深层次的、根本性的能源变革，为全面建设社会主义现代化能源强国奠定了良好的现实基础，且我国能源发展科技水平得到突破，国民经济体系、工业体系非常完备。然而，我们也必须清醒地看到，我国能源发展既面临调整优化结构、加快转型升级的战略机遇期，也面临诸多矛盾交织、风险隐患增多的严峻挑战。我国能源发展中的结构性、体制机制性等深层次矛盾掣肘能源可持续发展。突出表现为传统能源产能结构性过剩，煤炭行业低效企业占据大量资源，化解过剩产能任务艰巨；可再生能源发展面临多重瓶颈制约，发展过程中不平衡、不协调问题依然突出，适应能源转型变革的体制机制有待完善；能源系统整体效率不高，能源清洁替代任务艰巨等。我国能源产业必须以习近平新时代中国特色社会主义思想为指引，全面贯彻落实"四个革命、一个合作"能源安全新战略，准确把握新时代中国特色能源发展的方向道路，谋划制定新时代中国特色能源发展的目标任务，丰富完善推动新时代中国特色能源发展的政策体系。由此，结合我国当前能源产业与消费现状，在加快构建"双循环"新发展格局的背景下，能源领域要形成以国内大循环能源发展为主体、国内国际双循环能源发展相互促进的新格局，保障我国社会主义现代化强国建设的能源安全供给。

2.1.2　天然气资源是"双循环"能源发展格局的重点

天然气资源高效开发是能源发展战略的重点。人类能源开发利用历史离不开对自然资源的认知程度和技术发展水平，迄今经历了古代的木材时代、近代的煤炭和石油时代、现代的天然气时代三个发展阶段。尽管新能源开发利用技术进步使得新能源在能源消费构成中的占比不断提高，但目前的天然气时代仍将维持到 2100 年之后（图 2-1）。也就是说，天然气供给安全是我国乃至全球当代经济社会发展最重要的能源保障渠道。天然气是碳达峰行动中现实可靠的清洁低碳能源，相关政策和市场调整将有望进一步拉升天然气需求。

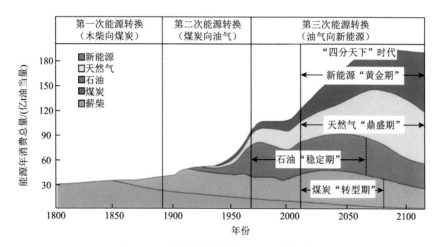

图 2-1　世界能源消费结构发展趋势

（邹才能等，2021a）

全球天然气消费约在21世纪前半叶超过煤炭和石油的消费，到21世纪中叶全面进入天然气时代。然而我国当前仍然是以煤炭为主要能源的国家。2021年全国消费的52.4亿吨标准煤当量能源中，煤炭消费量占能源消费总量的56.0%，原油消费量占比为18.5%，天然气消费占比约为10%，水电、核电、风电、太阳能发电等清洁能源消费量占能源消费总量的15.5%。可见，我国当前能源消费结构仍然以化石能源为主（占比约为84.5%），并且化石能源中尤其以煤炭消费占比居高。虽然，我国光伏、风能、核能等新兴能源在近几年发展迅速，但还远远不能满足国家能源战略需求，化石能源在未来几十年里依旧占据着不可替代的地位。

从能源发展的历史规律出发，天然气是化石能源向新能源转换的过渡"桥梁"，当前加大天然气资源开发是我国"双循环"能源战略国内大循环能源发展的重要选择。为此，有学者提出能源转型应遵循自主可控和绿色低碳的理念，通过节能与提效双轮驱动、供给与消费两端发力，分"三步走"：①减煤控油增气，大力发展新能源；②非化石能源加速替代；③清洁低碳、安全高效的现代能源体系全面建成（戴厚良等，2022）。2017年国家发展改革委等13部门联合印发《加快推进天然气利用的意见》提出，到2030年，力争将天然气在一次能源消费中的占比提高到15%左右。然而，我国天然气消费占比在2021年只达到10%，其主要原因是我国长期供求关系严重失衡。缩小或弥补这一巨大差距的途径，应综合考虑"可获得，运得到，用得稳，买得起"4个主要因素（王震和赵林，2016），不同气源的竞争力主要决定于供应量（资源量）和成本（生产成本和储运成本）两个方面（孔令峰等，2020）。就化石能源而言，弥补我国天然气供需缺口不外乎增储上产、进口输入、气库（包括地下气库）储存、人工造气四大途径。

天然气资源对外依存度居高不下对天然气生产提出了直接而严峻的挑战。我国在2006年左右天然气供需关系发生反转，对外依存度逐年增长。2020年，全国生产天然气1888亿m^3，同比增长9.8%（国家统计局数据），天然气表观消费量3259亿m^3，同比增长7.5%，对外依存度为42.07%，同比降低了一个百分点，天然气对外依存度依然居高不下。2022年全国天然气产量达到2178亿m^3，比2021年增加6.4%（国家统计局数据）。据国际能源统计预测权威机构英国石油公司（BP）预测，我国天然气对外依存度今后15年仍将持续增长，预计全国天然气需求在2025年约4200亿m^3，2035年天然气消费量将达到6000亿m^3，即使到

2050 年天然气需求在 6700 亿 m^3，与此对应的 2025 年、2035 年和 2050 年全国天然气产量预测分别约为 2300 亿 m^3、3000 亿 m^3 和 3500 亿 m^3，缺口约 2500 亿～3000 亿 m^3，对外依存度仍有 50% 左右（图 2-2），严重威胁国家能源战略安全。加大对天然气的勘探开发力度对缩小中国天然气需求缺口，保障能源安全具有重大意义。

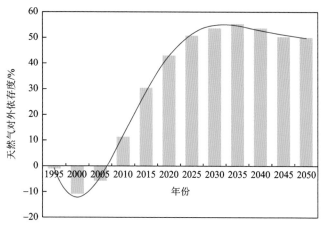

图 2-2　我国天然气对外依存度变化趋势

[数据引自 BP（2020）]

2.2　实现"双碳"目标要求大力发展天然气

2.2.1　当前世界碳排放形势及我国的对策

应对全球气候变化目前已经成为国际社会广泛共识，根据《巴黎协定》提出的到 21 世纪末全球平均气温较工业化前水平上升幅度不超过 2℃并努力控制在 1.5℃目标，全球需要在 2065～2070 年实现碳中和。国际能源署（International Energy Agency，IEA）数据显示，2022 年，全球与能源相关的 CO_2 排放量进一步增加 0.9%，超过 368 亿 t。2020 年 9 月，我国结合国内实际情况提出了碳排放控制目标，即"双碳"目标。尤其是在能源领域，国家出台系列政策文件，推进发展低碳清洁能源，降低高碳排放能源消费比率。例如，2021 年国务院发布了《"十四五"

节能减排综合工作方案》（国发〔2021〕33 号），2022 年国家发展改革委、国家能源局发布了《关于完善能源绿色低碳转型体制机制和政策措施的意见》（发改能源〔2022〕206 号），并且在国家发展改革委和国家能源局联合下发的《"十四五"现代能源体系规划》（发改能源〔2022〕210 号）中强调能源需要稳定安全供应，加快绿色低碳转型。这充分体现了国家对实现"双碳"目标的决心。

我国若要实现"双碳"目标，在强化 CO_2 排放控制同时，也需要加强对甲烷等非 CO_2 温室气体的排放控制。目前加大甲烷排放的控制力度已经被纳入我国最新发布的"十四五"规划和 2035 远景目标纲要中。2021 年 11 月，我国和美国在联合国气候变化格拉斯哥大会期间发布的《中美关于在 21 世纪 20 年代强化气候行动的格拉斯哥联合宣言》中，将甲烷减排作为双方最具代表性的合作领域之一，并提出促进有关甲烷减排挑战和解决方案的联合研究。我国既要保持在全球产业链中完整性的优势，又要积极体现在全球碳减排中的大国担当。

2.2.2 大力开发天然气资源促进"双碳"目标实现

节能减排及能源结构优化是当前我国碳减排最有效手段之一。碳减排的途径主要有地质封存、节能减排、能源结构优化、碳气体资源化等几个方面。碳封存及其与资源开发协同是我国目前倡导的一种可行方式，如早在 20 世纪就开始实施的 CO_2 气驱强化采油（CO_2 enhanced oil recovery，CO_2-EOR）、CO_2 驱替煤层气开采（CO_2 enhanced coalbed methane，CO_2-ECBM）等，但目前减排或封存的规模十分有限。美国、欧洲、日本等纷纷出台的相关科技计划，我国国家自然科学基金 2021 年启动的碳专项重大项目，均强调了对"碳封存与资源协同"原理和技术基础的探索。节能减排及能源结构优化是最有生命力的碳减排方式，煤层气有效开发形成大产业与此发展趋势高度吻合。

能源结构优化实现"双碳"目标必须大力发展天然气产业。化石能源开发利用过程的碳排放，几乎占到全部碳排放的 90%，故"双碳"问题在本质上是能源问题（左前明，2021）。在化石能源中，与煤炭、石油等高碳能源相比，天然气是最为清洁的能源，大力发展天然气产业是实现"双碳"目标的必然选择。

发展天然气资源可助力 CO_2 封存。通过捕集大气中或者国民生产生活中的 CO_2，并用于天然气勘探开发，不仅可以显著提升天然气资源开发效率，而且还可有力促进 CO_2 的地质封存。CO_2 在天然气开发中的主要作用是在储层压裂改造过程中，将其作为储层压裂或者提高天然气采收率的介质。因为 CO_2 的注入对于地层将是一个能量的补充，并且 CO_2 呈弱酸性可改善地层渗流条件，再则 CO_2 比甲烷更容易被地层吸附和置换，置换的过程实际上就是对 CO_2 封存的过程。由此，以 CO_2 置换出地层天然气资源，实现天然气增产与 CO_2 地质封存，对于我国能源发展与实现"双碳"目标具有双重意义。

2.3　天然气大发展急需千亿立方米级煤层气大产业支撑

2.3.1　常规天然气产业已难实现突破性发展

我国天然气资源中长期对外依存度将持续增高，寻求新兴天然气产业发展迫在眉睫。《"十四五"现代能源体系规划》提出到 2025 年，天然气年产量达到 2300 亿 m^3 以上。"十三五"以来，国内天然气产量增长较快，年均增量超过 100 亿 m^3，远超"十四五"年均增量目标。2025 年我国天然气消费预计将达到 4200 亿 m^3，但对外依存度仍将攀升至近 50%。我国急需天然气产业突破发展，实现国家对天然气资源的供需平衡。

中国石油第四次油气资源评价通过对 101 个盆地天然气资源评价与汇总结果显示，全国常规天然气资源量是 78 万亿 m^3。非常规天然气资源主要包括致密气、页岩气、煤层气和天然气水合物 4 类，合计资源量 284.95 万亿 m^3（郑民等，2018），是常规天然气资源量的 3.65 倍。常规天然气剩余地质资源量为 63.89 万亿 m^3，剩余可采储量为 38.74 万亿 m^3，技术可采资源量约为 20 万亿 m^3。致密气、煤层气、页岩气都已提交过探明地质储量，但由于整体探明程度较低，所以将非常规天然气都作为剩余资源，技术可采资源量约为 3.1 万亿 m^3（"能源领域咨询研究"综合组，2015）。无论是资源量还是技术可采资源量，非常规天然气资源均是常规天然气资源的 3 倍以上。另外，我国大部分主力常规气田相继进入开发中后期且整体采收率不高。常规天然气藏提高采收率技术方法成熟，虽然大量成熟提高采收率技术（如井网加密、井型优化、老井侧钻、立体井网、储层改造、优化布井、排气采水、地面增压等）已投入常规天然气资源开发，但 2022 年其产量也仅约 1320 亿 m^3，在天然气产量中占比约 60%。非常规天然气产量占比均逐年增大，尤其是页岩气产量在 2022 年达到 240 亿 m^3，相比于 2018 年的产量增加 122%（国家统计局数据）。非常规天然气资源将是未来天然气资源增产贡献的主力。可见，我国常规天然气产业已难实现突破性发展，这为"十四五"非常规天然气迎来发展机遇，加大煤层气、页岩气、致密气等非常规天然气资源的勘探开发，持续稳定非常规天然气资源增产主力军角色，已经成为业界共识。

2.3.2　致密气和页岩气资源逐渐处于增产疲软期

我国致密气广泛分布，各大盆地中均有发育，但分布极不均衡。根据中国石油第四次油气资源评价结果，我国陆上致密气总资源量 21.85 万亿 m^3，技术可采资源量约为 11.3 万亿 m^3。鄂尔多斯盆地上古生界致密气资源量为 13.32 万亿 m^3，占总资源量的 60% 以上，四川、松辽、塔里木等盆地均超过 1.00 万亿 m^3，其他盆地零星分布。截至 2020 年底，我国陆上致密气探明地质储量 5.49 万亿 m^3，探明率仅为 25.1%，仍处于勘探早中期，探明储量具备进一步增加的潜力。2020 年我国致密气产量达 470 亿 m^3，占全国天然气总产量的 24.4%，其中，鄂尔多斯盆地 430 亿 m³、四川盆地 35 亿 m³、松辽盆地 5 亿 m³，鄂尔多斯盆地致密气产量超过全国致密气总产量的 90%。截至 2020 年底，我国开发已动用的探明致密气储量 2.39 万亿 m³，剩余未动用储量 3.10 万亿 m³，储量动用率为 43.5%，与常规气藏 68.9% 的储量动用率相比，明显偏低。已探明剩余可采储量是致密气持续上产与稳产的现实资源基础，探明已动用储量按照采收率 50% 计算，则可采储量规模为 1.20 万亿 m³，目前已采出 0.44 万亿 m³，探明已动用剩余可采储量为 0.76 万亿 m³；探明未动用储量 3.1 万亿 m³，按采收率 35%～40% 计算，探明未动用可采储量 1.09 万亿～1.24 万亿 m³。致密气已探明剩余可采储量共计 1.86 万亿～2.00 万亿 m³，具备 2030～2035 年上产至 800 亿 m³ 并稳产 10 年以上的资源基础（贾爱林等，2022）。

据中国石油第四次资源评价结果，中国陆上页岩气地质资源量为 80.45 万亿 m³，可采资源量为 12.85 万亿 m³。其中，海相页岩气可采资源量为 8.82 万亿 m³，分布在四川盆地及周缘、中下扬子地区等南方地区及塔里木盆地、羌塘盆地等中西部地区，面积约 60 万～90 万 km²，以上奥陶统五峰组—下志留统龙马溪组、下寒武统筇竹寺组及其相当层位为重点层系。海陆过渡相页岩气可采资源量为 2.37 万亿 m³，主要分布在南方及华北地区，面积约 15 万～20 万 km²，其中南方地区为二叠系龙潭组及其相当层组，华北地区为石炭系—二叠系本溪组、太原组、山西组及其相当层组。陆相页岩气可采资源量为 1.66 万亿 m³，主要分布在东部松辽盆地、渤海湾盆地及中部鄂尔多斯盆地等，面积为 20 万～25 万 km²，以三叠系—侏罗系、白垩系（青山口组）、古近系—新近系（沙河街组）为重点层系（马新华等，2023）。我国页岩气产量从无到有，仅用 6 年时间就实现了年产 100 亿 m³，其后又用 2 年时间在深埋 3500m 以浅实现了年产 200 亿 m³ 的历史性跨越。我国页岩气开发以四川盆地及其邻区海相页岩气为主体，并且积极开展对海陆过渡相及陆相页岩气勘探开发的攻关研究，估算该区的合计可探明页岩气地质储量超过 8 万亿 m³，可以支持我国页岩气产量持续快速增长。其中，埋深 3500m

以浅的中浅层海相页岩气可采储量为 5900 亿 m³，已建成年产气能力 200 亿 m³；估算埋深为 3500～4500m 的海相页岩气可采储量为 9000 亿 m³，可建成年产气能力 300 亿 m³。预测，通过加快对埋深 3500～4000m 页岩气资源的开发，2025 年全国页岩气年产量可以达到 300 亿 m³；考虑到埋深 4000～4500m 页岩气资源开发突破难度较大，2030 年页岩气有望落实的年产量为 350 亿～400 亿 m³（邹才能等，2021b）。

虽然我国未来有望在页岩气和致密气总和实现千亿立方米级产业，但两种资源在开发过程中均存在初产高、递减快特征，并且资源开发需要大规模的钻新井维持，以致资源开发投入大，严重制约了资源产业效益发展。

2.3.3 煤层气资源具备千亿立方米级产业发展潜力

全球非常规天然气探明可采储量达到 331 万亿 m³，其中煤层气占 11%（白桦，2019；高德利等，2022）。2011 年，中国地质调查局煤田地质研究所和中国煤炭地质总局发布数据显示，我国煤层气地质资源总量约为 80 万亿 m³，陆上煤层气资源量约为 70 万亿 m³，考虑煤系砂岩气、页岩气等煤系气资源潜力，煤系气资源量至少可达 180 万亿 m³。这是我国天然气战略安全保障的重要资源基础。根据国家能源局统计数据，截至 2021 年底，我国煤层气累计探明地质储量 8039 亿 m³，对照官方煤层气地质资源量数据（36.8 万亿 m³），全国煤层气探明率仅有 2.18%。虽然煤层气的探明率较低，但煤层气的地质载体——煤炭资源的探明程度较高，因此煤层气的总体资源量落实程度优于常规天然气资源。煤层气是我国非常规天然气中资源基础最优的类型。产量方面，2020 年我国地面开发煤层气产量达 57.67 亿 m³，加上煤层气区块生产的煤系致密砂岩气产量约 44 亿 m³，合计产量也仅有 102 亿 m³ 左右，较 2015 年增长 30%。2021 年是"十四五"开局之年，煤层气储量、产量重新进入快速发展期。2022 年全国煤层气累计产量为 115.5 亿 m³，比 2021 年增加了 10.8 亿 m^3，产量同比增长 10.3%。对比国外煤层气资源开发现状，2018 年，全球煤层气产量约为 839 亿 m^3，其中美国 289 亿 m^3，澳大利亚 445 亿 m^3，我国 51.5 亿 m^3，我国煤层气产量与资源储量之比相较于其他国家明显较低。由此，综合分析我国天然气资源状况，煤层气具有实现千亿立方米级大产业的资源潜力，但是煤层气资源数量与产量的巨大反差，说明有效开发形成大产业面临着技术、经济、政策等一系列重大挑战，同时也昭示出煤层气乃至煤系气"增储上产"的可观潜力以及保障国家能源安全的长远价值。

综上所述，天然气大发展急需千亿立方米级煤层气大产业支撑，关键是煤层气与常规天然气、致密气、页岩气等协同发展，努力实现我国天然气自给自足，使对外依存度降为零。

2.4　煤炭产业健康发展必须以煤层气大产业为前提

2.4.1　较长时期煤炭仍为国家能源安全的"压舱石"

中国信达资产管理股份有限公司首席能源研究员左前明指出：煤炭是我国能源安全的基础，油气对外依存度逐年走高，我国能源综合自给率主要是依靠煤炭平均上去的；目前我国能源消费依然存在较大增长空间，新能源不能完全满足全社会用能增量需求，其他能源不够，必须要靠煤炭来顶上；我国之所以形成以煤为主的能源结构，本质上还由我国"富煤、贫油、少气"的能源资源禀赋以及经济发展阶段而决定的（左前明，2021）。

首先，所谓的"富煤"，系指我国煤炭资源十分丰富，是兜底国家能源战略安全的"压舱石"。据我国最新一轮（2006～2013 年）《全国煤炭资源潜力评价》成果，全国陆上煤炭资源总量 5.90 万亿 t（表 2-1）。其中，累计探获煤炭资源量 2.02 万亿 t，预测资源量 3.88 万亿 t，其占比 65.76%（程爱国等，2013）。在探获煤炭资源中，优质煤炭资源 9384 亿 t，开采地质条件好（易机械化开采）的煤炭资源 14843 亿 t，安全地质条件好的煤炭资源 12903 亿 t，易绿色开发的煤炭资源 2744.68 亿 t，经济的煤炭资源 14121.92 亿 t。我国煤炭资源可支撑国家上百年的煤炭能源供给。

表 2-1　全国陆地煤炭资源潜力预测结果

能源规划区		资源量/亿 t			深度分布/亿 t		1000～2000m 占比/%
		探获	预测	总量	1000m 以浅	1000～2000m	
东部补给带	东北	381.90	324.53	706.43	190.01	516.42	73.10
	黄淮海	1925.27	2076.52	4001.79	222.76	3779.03	94.43
	华南	136.27	186.33	322.60	135.26	187.34	58.07
中部补给带	晋陕蒙宁	14038.05	14788.97	28827.02	3407.48	25419.54	88.18
	西南	1211.57	2727.40	3938.97	1265.98	2672.99	67.86
西部补给带	西北	2551.67	18692.36	21244.03	9157.31	12086.72	56.90
合计		20244.73	38796.11	59040.84	14378.80	44662.04	75.65

注：数据引自程爱国等（2013）。

其次，所谓的"少气"，并非我国缺少天然气资源，而是丰富的天然气资源优势目前难以转化为支撑经济社会发展的优势，这也正是本书研究的初衷。我国页岩气资源量全球第一（自然资源部，2012），煤层气资源量在全球名列前三（IEA，2019），煤系砂岩气和煤系页岩气资源量是煤层气资源量的 1.5 倍以上（秦勇等，2021）。同时，近年来 1000～1500m 深度煤层气实现了区块尺度商业化开采，埋深 1500～2000m 的深部煤层气取得多井高产突破；实施了煤系气合采工程示范，单井合采已有成功范例。这些现实基础和探索进展昭示，煤层气有效开发形成大产业，将助力我国主体能源（煤炭、油气）产业持续健康发展，是近期—中期国家能源安全保障不可或缺的战略考虑。

2.4.2　煤层气大产业可持续助力我国煤炭产业健康发展

基于上述我国资源禀赋与国家能源发展现状，煤炭消费仍然在国民能源消费的 50% 以上。虽然，当前"双碳"目标下，政策调控趋严，但

"碳达峰"前，煤炭"压舱石"定位不变。作为我国实体经济和制造业的产业基础，煤炭工业将面临碳排放和污染排放等环境约束收紧等新挑战。为了更好地支撑我国经济的高质量发展和服务国家战略的实施，煤炭作为我国主体能源，煤炭工业需要推进绿色低碳转型，并构建现代煤炭工业产供储销产业体系，确保在较长一个时期内存在的现实合理性，尤其是碳达峰前，必须也必然持续发挥支撑我国能源供给的兜底保障作用。由此可见，受我国资源禀赋与能源发展现状制约，在相当一个历史时期内，煤炭在一次能源生产和消费中必然仍将占据较高比例，势必给煤矿安全生产、碳减排、清洁可持续发展带来巨大压力。大力发展煤层气形成千亿立方米级煤层气大产业有利于持续助力煤炭这一我国主体能源产业的安全、优质、健康发展。

其一，煤层气有效开发形成大产业是降低煤矿瓦斯灾害的重要途径。20 世纪 90 年代至今的煤矿瓦斯抽采技术进步，支撑我国煤矿瓦斯安全形势发生根本好转，抽采量翻了 10 倍以上，百万吨死亡率大幅降低，安全生产水平跨入世界先进国家行列。对比 2020 年与 2007 年煤矿生产事故数据，全国煤矿瓦斯事故数下降 97%、瓦斯事故死亡数下降 97%、全国煤矿百万吨死亡率下降 96%（图 2-3）。但是，煤层富气的地质禀赋，决定了煤炭开采高瓦斯风险客观存在，"达摩克利斯之剑"始终高悬煤炭生产头顶，煤层气有效开发是解除这一威胁的唯一途径。

其二，煤层气有效开发形成大产业是带动煤矿企业持续活跃发展的重要途径。抓住战略转型升级契机，尤其是抓住高碳产业低碳发展这一主线，通过发展壮大煤层气产业，调整企业生产结构，从产煤企业向煤气共产企业转型发展，带动煤层气化工等产业的启动和进步，能够在较长时期内持续确保煤炭产业活跃发展。

其三，煤层气有效开发形成大产业是实现煤矿企业碳减排与经济补亏的重要途径。"双碳"目标的倒逼，促使煤炭企业立足于自己煤炭资源、煤层气资源及其开发技术的优势，超前研究碳减排、碳中和相关问题，通过资源协同开采实现碳捕集，基于煤层气高效开发利用实现碳减排，通过碳交易实现经济补亏，能够有力促使煤炭产业经济环保良好发展。

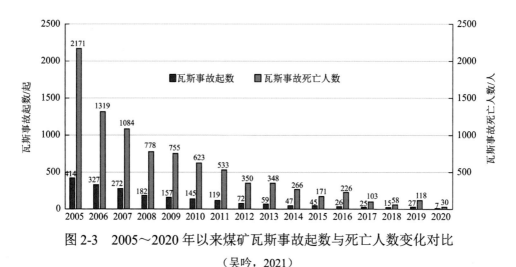

图 2-3　2005～2020 年以来煤矿瓦斯事故起数与死亡人数变化对比

（吴吟，2021）

2.5　发展煤层气大产业有利于煤炭生产中甲烷减排与综合利用

2.5.1　发展煤层气大产业有利于甲烷减排

甲烷是仅次于二氧化碳的第二大温室气体。2021 年 8 月 9 日，联合国政府间气候变化专门委员会（Intergovernmental Panel on Climate Change，IPCC）第六次评估报告第一工作组报告特别强调了全球甲烷减排的重要性。我国"十四五"规划首次将甲烷排放写入五年规划，提出"加大甲烷、氢氟碳化物、全氟化碳等其他温室气体控制力度"。

甲烷排放主要来自能源、农业和废弃物三大领域，其中有 50%～65%的排放来自人类活动（IPCC，2013）。人类能源活动造成的甲烷排放主要来自油气、煤炭生产运输和使用过程中的甲烷逃逸排放。煤炭行业的甲烷排放作为人类能源活动的重要甲烷排放源之一，贯穿于煤炭开采过程及矿后活动中。国际能源署发布的《世界能源展望 2019》显示，

2018 年全球煤矿甲烷泄漏量达 4000 万 t（IEA，2019）。分析当前世界各国碳排放量数据，我国碳排放量较大，这是我国作为全球制造中心地位，以及在全球产业链条中承担的角色定位所决定的（左前明，2021）。在众多行业领域中，能源和农业领域都是甲烷减排的重点领域，目前油气、农业等领域的研究学者纷纷发布研究成果，提出碳中和对本领域的发展启示及未来的发展路径。其中，能源领域甲烷排放管控的重要方面是煤炭生产中的瓦斯回收和利用。

根据《IPCC 国家温室气体排放清单指南》（IPCC，2006），煤炭行业的温室气体排放主要来自煤炭开采过程、矿后活动、低温氧化、非控制燃烧和废弃煤矿，其中低温氧化和非控制燃烧产生的温室气体以 CO_2 为主，甲烷的排放主要来自煤炭开采过程、矿后活动和废弃煤矿排放，如图 2-4 所示。煤炭开采过程（包括地下开采和露天开采）中的排放主要是指煤炭采掘活动造成煤岩层扰动导致吸附其中的甲烷变成游离态释放到大气中的排放，其中地下开采过程中的甲烷排放通过井下抽采系统和通风系统排放，部分可以实现回收利用；矿后活动

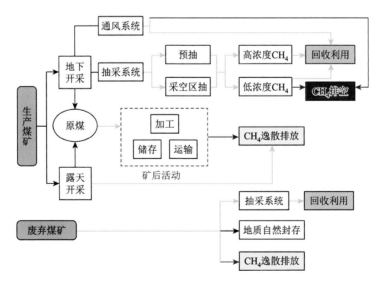

图 2-4　煤矿甲烷排放来源示意图

（刘文革等，2022）

的排放主要是指煤炭分选、储存、运输及燃烧前的粉碎等过程中，煤炭中残存的瓦斯缓慢释放产生的甲烷排放；废弃煤矿的排放主要是指煤炭开采停止后，煤矿中残存的瓦斯从地表裂隙或人为通道中继续缓慢释放产生的甲烷排放（刘文革等，2022）。

我国作为世界上最大的煤炭生产国，以煤为主的能源资源禀赋和经济社会发展所处的阶段，决定了未来很长时间内，我国的经济社会发展仍然离不开煤炭。2021 年下半年一段时间的能源供应紧张问题也再一次凸显了煤炭作为保障能源的重要地位。然而，在煤矿生产过程中的甲烷排放与当前我国"双碳"目标严重相悖。我国 2020 年煤炭产量占世界煤炭总产量的 50.7%（BP，2021），煤炭开采方式以地下开采为主。煤矿地下开采过程中的甲烷排放是我国煤矿甲烷最主要的排放来源，由此带来的矿后活动产生的甲烷排放也成为我国煤矿甲烷排放的主要来源之一。新疆维吾尔自治区和内蒙古自治区适合露天开采的煤炭资源较为丰富，几乎占我国露天煤炭资源的 90%以上，近年来随着我国煤炭生产布局的"西移"战略实施，露天开采煤炭产量的占比呈现增加趋势，露天开采过程中的甲烷排放也有所增加。1998～2021 年，我国先后关闭了 70000 多处资源枯竭型和不符合安全生产条件的煤矿，随着我国废弃煤矿数量越来越多，废弃煤矿的甲烷排放量也呈现上升趋势。综合考虑我国煤炭行业产业结构变化和近年来煤炭开采各环节甲烷排放数据变化，测算目前我国煤矿地下开采、矿后活动、露天开采和废弃煤矿等排放来源占总排放量的比例分别约为 80%、13%、5%和 2%。根据 2005～2014 年的国家温室气体排放清单数据，煤矿甲烷的排放量增长率呈现先上升后下降的趋势，峰值出现在 2012 年，为 2384.7 万 t，比 2005 年增长了 77%（刘文革等，2022）。煤炭开采甲烷排放量与煤炭产量的增长率变化趋势基本一致。

近几年，我国煤炭行业每年排放的甲烷大约 440 亿 m^3。但是由于煤矿生产过程中抽出的绝大部分煤层气浓度小于 30%，使得这 440 亿 m^3煤层气可以利用而没有利用的大约有 260 亿 m^3。虽然煤矿区煤层气地面井抽采利用率已达到 90% 以上，但是大部分煤层气在煤炭生产过程中直接排空，煤矿井下抽采率仅约 40%，最终导致煤层气整体利用率一直低于 50%（张千贵等，2022）。井工开采是煤炭开采活动最大的甲烷排放源，其甲烷排放量约占煤炭甲烷排放量的 83%。2019 年我国煤矿生产过程中甲烷排放量 309.92 亿 m^3（徐凤银等，2023）。例如，2019 年山西省所有类型煤矿井甲烷涌出量约 63.91 亿 m^3，甲烷净排放量约 40.39 亿 m^3。虽然，2019 年山西省各区域的甲烷利用率相对于全国其他省较高，但平均利用率也仅为 36.80%。

发展煤层气大产业不仅是促进煤炭生产中甲烷减排的有效途径，而且与能源结构转型实现碳减排息息相关。煤层气有效开发形成大产业具有降低煤炭开采过程碳排放和节煤减排双重效应。一是大规模实施地面井煤层气开发，通过预抽和利用最大限度降低采煤活动碳排放量，可望为实现"双碳"目标做出重大贡献。如上分析煤矿生产将导致大量甲烷排放到大气，而甲烷的温室效应是 CO_2 的 $23\sim25$ 倍，对全球气候变暖的贡献率已达 15%，是仅次于 CO_2 的第二大温室气体。发展煤层气大产业将有力减少煤矿生产中的甲烷排放。二是规模性收集利用煤炭生产排放的甲烷有助于改善能源消费结构，降低高碳（煤炭）能源利用比例，实现煤炭燃烧过程产生的 CO_2 实质性低成本减排。2011~2013 年，中国工程院实施"我国非常规天然气开发利用战略"重大咨询项目研究，曾对煤层气利用的能源替代碳减排效益做过系统测算（谢克昌等，2014）。以地面井煤层气和矿井瓦斯甲烷浓度分别为 95%、40% 作为测算基准，利用 1 亿 m^3 地面井或矿井抽采煤层气，代替原煤作为锅炉燃料，可节省原煤 16.3 万 t 或 6.9 万 t，标煤 11.6 万 t 或 4.9 万 t；代替电力，分别节省电力 287000MW·h 或 121000MW·h。进一步而言，1 亿 m^3 地面煤层气代替煤炭发电，相当于减排 0.73 亿 m^3 或 14.35 万 t CO_2；1 亿 m^3 矿井抽采瓦斯煤层气代替煤炭发电，则减排 0.31 亿 m^3 或 6 万 t CO_2。

从上述分析可知，煤矿生产严格执行"先抽后建、先抽后掘、先抽后采、不抽不采、应抽尽抽、以风定产"规定，立足煤炭开采与煤层开发协同良好发展，切实推进煤层气大产业建设，有力促进煤炭产业的甲烷减排，推动"双碳"目标达成，实现能源产业与自然环境和谐发展。

2.5.2 发展煤层气大产业有助于煤矿甲烷综合利用

随着我国煤矿瓦斯抽采和利用技术的不断发展，经过"十三五"阶段及前期的持续攻关，我国煤矿瓦斯抽采量不断提高，利用方式也呈现多元化趋势。截至 2020 年我国已经开发了民用或工业燃料、液化天然气、煤矿瓦斯提纯或发电、蓄热氧化供热发电、燃气锅炉和压缩天然气（compressed natural gas，CNG）清洁能源汽车等多种利用方式，逐渐形成煤矿甲烷梯级利用的新局面（刘见中等，2020）。随着煤矿瓦斯抽采利用率逐渐提高，采用安装在高瓦斯、煤与瓦斯突出矿井回采工作面进风巷风流中传感器进行煤矿瓦斯排放测量的方法，统计排放量在 2015 年也出现峰值，峰值为 88.3 亿 m^3，合计 591.6 万 t，之后呈现逐年下降的趋势（图 2-5）。"十四五"期间，预计煤矿瓦斯抽采利用率会进一步提高到 50%左右，煤矿甲烷的统计排放量也会呈现继续下降趋势（刘文革等，2022）。

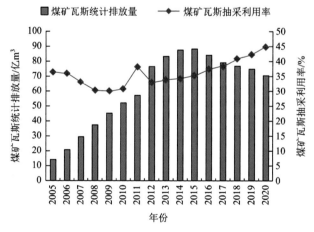

图 2-5 2005～2020 年煤矿瓦斯统计排放量及抽采利用率

（刘文革等，2022）

第 3 章　全球煤层气产业现状分析

本书首先提出了涵盖煤层气、与煤层共生的致密砂岩复合气、煤炭生产过程中的瓦斯等资源的千亿立方米级煤层气新兴大产业的内涵和发展方向，而后明确了我国亟须建立新兴千亿立方米级天然气大产业的紧迫性和必要性。然而，煤层气新兴大产业中涵盖的资源类型并非新的矿种，煤层气在全球范围的开发和利用也有近 80 年的历史，以全球视野观察煤层气的勘探开发历程，尚未有国家和地区的年产量超过千亿立方米。

那么，究竟是什么问题制约了煤层气的发展？这是本章将要论述的重点。本章将分析全球煤层气的产业现状以及导致现状的原因和技术困境，以厘清制约我国煤层气千亿立方米级大产业建成的主要技术瓶颈。

3.1　全球煤层气产业现状

3.1.1　国外煤层气产业现状

1. 美国

美国是全球煤层气产业与技术的发源地，并在低阶煤开发领域建立了一套完整的"煤层气有效勘探开发理论与技术体系"，依靠这套理论与技术体系，发现并开发了一批单井产量高经济效益好的大气田，在短时间内形成了年产 500 亿～600 亿 m^3 的煤层气大产业（Myers，2009）。但自 2010 年页岩气在大规模体积压裂技术下的产量突破之后，煤层气开发的经济效益明显低于页岩气，这导致了技术和研究重心逐步转向页岩气和致密气，因此美国煤层气逐步下滑到 200 亿～300 亿 m^3/a（Ma and Holditch，2020）。

美国的煤炭资源丰富，但绝大多数为中、低煤阶，高阶煤并不广泛发育，且煤层的构造相对简单。美国含煤盆地成煤时代较多，美国地史上的聚煤期主要有 8 个，其中宾夕法尼亚纪（相当于晚石炭世）、白垩纪和古近纪 3 个时期聚煤强度最大，为主要聚煤期，煤层气资源也主要分布在这些地质时代的煤层中，并且美国煤岩类型主要为褐煤-瘦煤，煤层气类型也以中、低煤阶为主，高煤阶的煤层气并不发育（图 3-1）。

图 3-1　美国本土含煤盆地的煤阶分布示意图

北美地台相对稳定，经历的构造运动次数少、强度低，因此含煤盆地整体构造简单，有利于煤层气资源的富集和保存（Flint et al.，1995；Markowski，1998）。美国煤层气可采资源量主要分布在 21 个盆地或区带，其中福里斯特（Forest）城盆地资源最丰富，可采资源量 0.90 万亿 m³，占比 25.4%；其次为粉河（保德河，Powder River）盆地，可采资源量 0.66 万亿 m³，占比 18.6%；第三为圣胡安盆地，可采资源量 0.38 万亿 m³，占比 10.7%（图 3-2），但是美国煤层气的产量并没有和资源量成正比（李登华等，2018）。

列前 3 位的盆地累计煤层气可采资源量 1.94 万亿 m³，占比 54.8%，其中保德河盆地和圣胡安盆地是美国煤层气开发的主战场，80%以上的产量来自这 2 个盆地。美国煤层气盆地主要包括 3 大类型：前陆盆地、克拉通盆地和弧前盆地。煤层气资源主要分布在 17 个前陆盆地内，可采

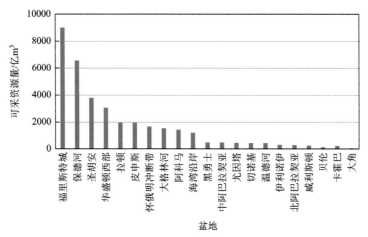

图 3-2　美国含煤盆地的资源量分布

资源量 2.29 万亿 m^3，占比 64.7%；3 个克拉通盆地可采资源量 0.96 万亿 m^3，占比 27.1%。美国煤层气的主要开发区域主要集中于低煤阶地区和中煤阶地区（曲海，2019）。美国中煤阶煤层气主要分布在东部和中陆地区，包括北阿巴拉契亚、中阿巴拉契亚、黑勇士、密歇根、伊利诺伊、福里斯特城、切诺基、阿科马等盆地（Scott et al.，1997）。美国煤层气产业发展经历了 4 个阶段：第 1 阶段（1973 年～20 世纪 80 年代初期），理论探索期；第 2 阶段（20 世纪 80 年代初期～1988 年），技术攻关期；第 3 阶段（1989～2008 年），规模应用期；第 4 阶段（2009～现今），萎缩衰退期（图 3-3）。

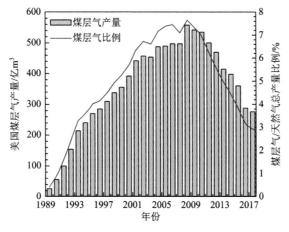

图 3-3　1989～2017 年美国煤层气产量变化

1980 年 12 月，美国第 1 个煤层气田投入商业开发，直到 2008 年美国煤层气峰值产量达到 556 亿 m^3，之后煤层气产量持续下降。综合分析认为，美国煤层气产量先扬后抑主要受以下 3 个因素影响。

1）早期政府提供了有效的政策扶持，极大激励了煤层气商业开发

美国煤层气勘探开发实践表明，财税政策是成功推行煤层气资源商业化开采的重要因素。例如，美国 1980 年出台的《原油暴利税法》规定，从 1980 年起，美国本土钻探的非常规天然气可享受每桶油当量 3 美元的补贴，而 1980 年美国平均油价为每桶 21.59 美元，该政策后来又两次延期至 1992 年。

1990 年的《税收分配的综合协调法案》和 1992 年的《能源税收法案》均扩展了非常规能源的补贴范围；1997 年颁布的《纳税人减负法案》延续了对非常规能源的税收补贴政策；2005 年出台的《能源政策法案》增加了对非常规油气开发的补贴力度。2004 年美国非常规油气生产补贴约 6 亿美元，2007 年加大到 45 亿美元，对煤层气等非常规能源的开发起到了极大的促进作用。除联邦政府出台的一系列产业政策外，拥有非常规油气资源的州政府也相继颁布了一些鼓励政策。这些补贴政策与联邦政府的政策并不冲突，对非常规油气资源的开发起到了较大的推动的作用。另外，在 20 世纪 90 年代后期，美国还专门设立了非常规油气资源研究基金，为煤层气等非常规资源的开发提供了有力的科技支撑。

2）后期单井平均日产量持续降低，经济效益下滑

20 世纪 90 年代中后期，圣胡安盆地的规模开发使得美国煤层气单井平均日产量达到高峰，超过 1.2 万 m^3；其后随着其他盆地的规模开发，煤层气井数迅速从 90 年代末的不足 10000 口增至 2008 年的近 40000 口，年产量大幅增长，但单井平均日产量却大幅降低，到 2008 年单井平均日产量已不足 $4000m^3$，经济效益下降。

3）天然气价格大幅下跌，投资动力锐减

随着页岩气产量大幅提升和经济危机爆发，美国天然气价格大幅降

低，天然气井口价由 2008 年 7 月的 0.38 美元/m³ 锐减至 2009 年 9 月的 0.11 美元/m³，虽然后期有所回调，但最高仅 0.20 美元/m³，最低下探至 0.07 美元/m³。天然气价格的大幅递减使得投资煤层气的资金锐减，新增钻井数急剧下降，年产量开始持续减少。2015 年美国煤层气产量 359 亿 m³，占天然气总产量的 3.7%。2016 年美国能源信息署预测，未来煤层气产量占比将继续减少，页岩气产量占比将持续增加，致密砂岩气产量占比维持稳定，2020 年煤层气产量占比降至 3.5%，2030 年煤层气产量占比降至 2.9%。

　　综上所述，由于美国独特的煤炭资源类型（低阶煤为主，中阶煤次之，高阶煤不发育）以及技术和政策发展阶段，建立了一套完整的适用于本国的"煤层气有效勘探开发的理论与技术体系"，该技术体系主要包括煤层气吸附-扩散理论、排水降压技术、裸眼洞穴完井技术、特殊结构井（定向羽状水平井、U 形井技术等）钻完井技术、井网优化技术、压裂改造技术（含氮气、CO_2 泡沫压裂、活性水压裂、水平井压裂等）、储层保护技术等系列配套技术。依靠这套"煤层气有效勘探开发的理论与技术体系"，美国完成了对低煤阶煤层气探勘开发的突破，同时，这套技术也成为各国煤层气勘探开发理论与技术发展的基础和依据。

　　然而，1989~1992 年美国在国内二大盆地外，用同样技术在中煤阶和高煤阶煤层气藏中钻探了近 3000 口井，平均单井产气量低于 675m³/d（无工业开采价值），这说明了煤层气开发过程中的"美国理论和技术"并无普适性，只适用于少数高渗的低阶煤层气藏（高渗低含气，占煤层气资源量 10%~15%），而对大多数煤藏（低渗但高含气，占煤层气资源量 85%~90%）效果不好或无效。

　　2. 加拿大

　　加拿大的煤层气资源集中在西部的沉积盆地，以艾伯塔省为主，估计潜在储量为 5.16 万亿~16.66 万亿 m³，可采储量为 1.22 万亿~3.68 万亿 m³；在艾伯塔省的南部丘陵地区共打了 15 口深度为 100～300m 的煤层气浅井，这些煤层气井所钻穿煤层的煤阶从中挥发分烟煤到无烟煤，煤层气实测含量大于 8.5m³/t，煤层实测透气性低于 3.0mD，平均实测灰分含量为 15%（Bachu and Michael，2003）。整个艾伯塔煤区的净煤厚度很少超过 20m，典型的净煤厚度为 6～12m。艾伯塔盆地的未变形部分位于加拿大西部落基山脉以东，由一阶沉积岩组成。煤层的厚度较为稳定，深度从东北加拿大盆地边缘的零（地表露头）增加到近 1000m，临近西南褶皱冲断带时，深度快速增加（图 3-4）。该盆地东翼缓倾斜，迎向前寒武系基底，西翼急升，断层程度高，迎向落基山逆冲带前缘（Beaton et al.，2006）。

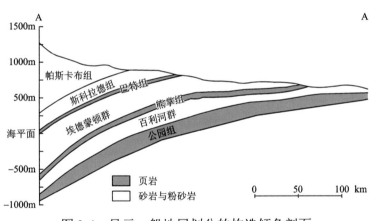

图 3-4　显示一般地层划分的构造倾角剖面

艾伯塔前陆盆地主要为海相页岩。曼维尔（Mannville）煤的动态杨氏模量一般为 1.4～4.0GPa，平均值为 2.6GPa，标准差为 1.4GPa。3 个煤层的测井动态模量显著高于整个数据集的平均值，每个煤层的平均值为 6.4～8.8GPa。每个煤层的动态泊松比的平均值为 0.32～0.41，不包括在其中一个煤层测得的异常低值 0.27，该煤层也计算了异常的杨氏模量。由艾伯塔地质调查所进行的调查表明，不同煤种的渗透率和气体含量存在显著差异。因此，它们的煤层气生产潜力可能会有所不同（Cheung et al.，2010）。艾伯塔省的煤具有独特的地质和储层特征，与美国的许多煤层气储层也有所差异。艾伯塔煤田含有大量的薄煤层，含气量和渗透率各不相同。曼维尔煤深（800～2500m），比霍斯舒（Horseshoe）峡谷煤厚，能产生适量的盐水。阿德利（Ardley）煤产生的水质量变化不大。艾伯塔平原煤的渗透率很低，阿德利和曼维尔煤的渗透率为 1～5mD，霍斯舒峡谷煤的渗透率为几十毫达西，相比之下保德河盆地的渗透率从几毫达西到几达西不等（Gentzis，2009）。

艾伯塔省曼维尔煤层气开发的历史经历了从垂直压裂井到单井、再到多水平井的发展历程。2000 年以后，在加拿大政府的支持下，一些研究机构根据本国以低变质煤为主的特点，开展了一系列的技术研究工作，多分支水平井、连续油管压裂等技术取得了重大进展，降低了煤层气开采成本。

此外，采用注氮气、二氧化碳增产技术进一步增加了煤层气单井产量。煤基质表面对气体分子的吸附能力是一定的，向煤层中注入氮气、二氧化碳，其气体分子会在一定程度上置换甲烷分子，使甲烷分子脱离煤基质束缚而进入游离状态，混入流动的气流中，从而达到提高煤层气产量的目的。加拿大根据这一原理，将电厂等排出的烟道气回收处理后注入煤层，不仅提高了煤层气产量和采收率，同时还减少了温室气体排放。

1987～2001 年，加拿大仅有 250 口煤层生产井，其中 4 口单井日产气量达到 2000～3000m^3。艾伯塔省到 2004 年底钻井 3575 口，其中生产井 1735 口，煤层气年产量只有 6 亿 m^3，占艾伯塔省当年天然气产量的份额不到 0.5%。2004 年底艾伯塔省煤层气探明可采储量 74.6 亿 m^3，到 2005 年底，猛增 181%，达到 209.7 亿 m^3。截至 2005 年底，艾伯塔省用于煤层气勘探开发的投资已超过 10 亿美元，钻井约 3900 口，其中 3189 口投入生产。2004 年加拿大钻新井 1174 口，投入生产井 1205口；2005 年加拿大钻新井 1649 口，投入生产井近 2000 口。2005 年加拿大生产煤层气 29.1 亿 m^3（其中混有部分常规天然气），比 2004 年猛增385%。到 2006 年底，加拿大投入煤层气勘探开发的投资达 15 亿美元，钻井超过 8500 口。2006 年底加拿大煤层气探明可采储量在 2005 年底 209.7 亿 m^3 的基础上增加 18%，达到 247 亿 m^3。2006 年后期，由于天然气价格下跌，煤层气勘探开发工作减缓，加拿大全国用于生产煤层气的井数只增加 5.5%（Tonnsen and Miskimin，2010；Johnson and Flores，1998）。2008 年加拿大煤层气的新井和生产井数都比 2007 年有所减少，但产量却增加了 8%，达到 73.4 亿 m^3（其中混有部分常规天然气），煤层气占艾伯塔省天然气产量的份额上升到 6.4%。至 2010 年，加拿大西部煤层气生产钻井以 850～7080m^3/d 的产气量进行生产，每天产水量少于 5 桶。经济分析表明，如果可以在井场增加低压集气系统实现井口的低压生产，那么煤层气产量将能提高到 3398.4m^3/d，此时投资回报率可以达到 15%以上。

2000 年之前，加拿大在全国多个地区应用美国的勘探开发理论技术体系尝试了煤层气勘探开发，由于其煤层多为弱含水的干煤层，排水降压技术体系难以直接套用，压裂技术又不完善，煤层气开发因没有经济效益而被放弃。2000 年之后，根据艾伯塔省的中南部地区煤层气储层特点，发展了氮气泡沫压裂、注氮增解增产和压裂增透、气驱增产等技术，实现了弱含水干煤层的商业化开发。2000～2010 年煤层气最高年产量为 89.1 亿 m^3，此后产量持续下降，仅实现了局部产业化。

由于没有去找或没有找到适用于美国这套技术的煤层，而最终没能形成年产百亿立方米的产业，这说明如不能突破"美国理论技术"的约束，煤层气并不能成为国家的能源支柱产业。

3. 澳大利亚

澳大利亚在鲍文盆地和悉尼盆地最早进行煤层气勘探，始于休斯敦（Houston）石油矿业公司 1976 年在鲍文盆地的一口未成功井。20 世纪80 年代及 90 年代初，美国康诺克石油公司，澳大利亚伊萨山矿业，日本三菱公司在鲍文盆地投入大量工作进行煤层气勘探，同时，美国安然

（Enron）公司在加利利（Galilee）盆地，阿莫科（Amoco）公司在悉尼盆地也分别进行勘探（Branajaya et al.，2019；Camac et al.，2018）。此外，澳大利亚必和必拓公司为解决煤矿安全问题也在鲍文盆地和悉尼盆地进行煤层气抽采；然而，对区域及局部构造认识不足、应力机制对渗透率影响考虑欠缺、不适当的完井方式及高额的费用等问题导致早期勘探均未取得成功。

1996 年必和必拓公司率先在鲍文盆地东缘穆拉煤矿上二叠统巴腊拉巴煤组进行煤层气商业开发，平均日产气量为 10.8 万 m^3，管输至格拉德斯通市。悉尼天然气公司从 1998 年开始在悉尼盆地二叠系地层中进行煤层气勘探尝试，2001 年 4 月实现商业开发，并向悉尼供气。

20 世纪 90 年代，澳大利亚石油公司获得了美国康诺克石油公司在鲍文盆地东缘穆拉-道森河谷地区的权益。该区巴腊拉巴煤组埋深为300～1000m，累计厚度为 30m，干燥无灰基含气量为 9～25m³/t。但受高应力及割理裂缝的矿化作用的影响，渗透率偏低，这些问题也同样存在于新南威尔士州的冈尼达和悉尼盆地。1989 年切思石油公司在鲍文盆地西部的费尔维尤（Fairview）地区发现了具有低构造应力特征的彗星山脊背斜，该区班达娜组煤层埋深为 500～800m，厚度为 5～11m，含气量为 10～15m³/t，渗透率可达 50mD，这证实了鲍文盆地西部具有较大的煤层气勘探潜力（Cooper et al.，2018）。费尔维尤煤层气田储量较大，2008 年该气田年产量超过 7.02 亿 m^3。与其具有相似地质背景的斯普林加利（Spring Gully）煤层气田位于彗星山脊背斜南部，安瑞井能源（Origin Energy）公司为该气田作业者。彗星山脊背斜东部的布朗达背斜裂缝发育且高渗的巴腊拉巴煤组，其上发现两个较大气田：①北部由桑托斯公司运行，并于 2002 年 5 月投产的斯科舍（Scotia）气田；②南部由安瑞井能源公司运行，并于 2001 年 2 月投产的皮特（Peat）煤层气田（Dunlop et al.，2020）。

在鲍文盆地北部，上二叠统的润格尔（Rangal）、莫兰巴（Moranbah）、德国溪（German Creek）、科林斯维尔（Collinsville）以及库珀堡（Fort

Cooper）煤组是煤层气的勘探目标，主要目标层位是莫兰巴煤组，该煤组单层厚度为 2～4m，累计厚度为 15m，含气量较高，埋深适中（300m），中低渗透率。20 世纪 80 年代北昆士兰能源公司在该区勘探未取得成功，主要是由于该区与鲍文盆地东缘同处于高应力环境下，导致渗透率低（Dunlop et al.，2020）。直至 2005 年，结合水平井与直井钻井技术形成了混合地面组合井技术，才开启了莫兰巴煤层气田的大门（Dunlop et al.，2020；Fraser and Johnson，2018）。

　　澳大利亚东部早期的煤层气勘探集中在具有较高煤阶、较高含气量的鲍文盆地和悉尼盆地二叠系煤层；但由于早期受美国经验影响，对自身地质条件认识不足导致长期未取得突破，直至 2000 年形成适合本地区地质条件的勘探开发技术后，鲍文盆地的煤层气产量才得到大幅度提高。侏罗系沃伦（Walloon）亚群煤层气富集层位累计厚度可达 20m，含气量为 5～10m³/t，埋深为 150～600m。箭牌能源公司的科根（Kogan）北气田在 2006 年 1 月首次投入商业开发。2006 年 5 月昆士兰天然气公司的伯温戴尔（Berwyndale）南气田投产（Mooro，2012；Salmachi，2019）。苏拉特盆地煤层气勘探证实了在沃伦亚群发育适合煤层气开发的富集区，该富集区由埋深和含气量确定，从西部的罗马（Roma）西北延伸到多尔比（Dalby）南区域。箭牌能源公司、安瑞井能源公司、桑托斯公司、波尔能源公司先后在富集区中发现了多个煤层气田。

　　图 3-5 比较了澳大利亚和美国的煤层气产量，数据显示，2008 年美国产量达到峰值，为 1966 BCF[①]，而同年澳大利亚产量仅为 150 BCF（Miyazaki，2005），之后美国产量下降，2016 年澳大利亚产量超过美国。煤层气的年产量和每年钻井数量（图 3-6）表明了澳大利亚煤层气历史上的六个关键阶段（Towler et al.，2016）：1975 年以前、早期勘探、早期生产、政策引导、液化输送和规模出口。

---

　　① BCF（billion cubic feet），石油开采过程中的体积单位，主要为英制单位，表示十亿立方英尺，1BCF = 2831.7 万 m³。

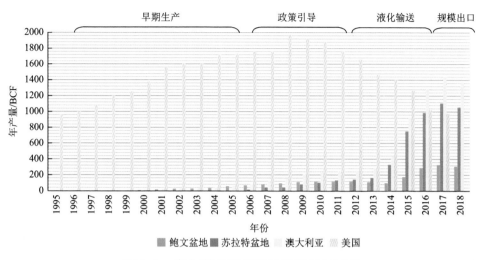

图 3-5　澳大利亚和美国的煤层气年产量

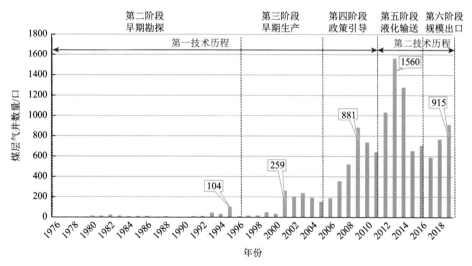

图 3-6　20 世纪 80 年代以来澳大利亚每年钻探的煤层气井数量

1）第一阶段：1975 年前

自从 1797 年欧洲人在新南威尔士州伊拉瓦拉的煤崖首次发现煤矿以来，煤矿一直是澳大利亚的主要工业。2017 年，澳大利亚是世界上最大的煤炭出口国，出口量占世界煤炭贸易的 32%，澳大利亚煤矿主要分布在昆士兰州和新南威尔士州。出口煤炭主要为二叠纪优质烟煤，包括热煤和焦煤。

过去，从煤层中解吸出来的甲烷被视为一种重大危险，地下煤矿的瓦斯爆炸造成了重大生命损失。为了克服这一问题，澳大利亚许多地下露天矿和高壁露天矿通过钻定向煤层脱气井进行脱气。随着时间的推移，这些天然气中的一部分已经被用于发电甚至家用。

2）第二阶段：1975～1996 年（早期勘探）

现代煤层气勘探的历史可追溯到 1976 年休斯敦石油和矿产公司钻探了两口针对昆士兰鲍文盆地二叠纪煤的井（Cooper et al.，2018）。其他美国油气公司在二十世纪八九十年代入场，希望利用它们在圣胡安盆地的煤层气开发经验对鲍文盆地的煤层气进行商业开发。然而，20世纪90年代的钻井和完井成本阻碍了这一阶段的经济生产。

3）第三阶段：1996～2005 年（早期生产）

煤层气于 1996 年首次从靠近鲍文盆地东缘穆拉-道森河谷地区二叠纪煤炭进行商业生产。在昆士兰州，1998 年，在费尔维尤，其他二叠纪煤和 2002 年的泥炭/苏格兰煤迅速地被其他二叠纪煤炭开采（Fraser and Johnson，2018）。在新南威尔士州，卡姆登天然气项目及其位于梅那哥的玫瑰公园天然气厂于 2001 年开始生产。该项目从 144口井中生产了新南威尔士州 5%的天然气。一个有趣的见解是，这些早期生产项目都位于主要背斜的顶部，在这些背斜上，都通过构造背景改善了渗透率。这些早期项目中的几口最好的生产井证明了可能是"自由气"生产，类似于传统的天然气开采，几乎不需要排水。截至2005 年，共钻了 1280 口井，其中昆士兰州钻井数量占比为 75%，新南威尔士州钻井数量占比为 25%。

4）第四阶段：2001～2011 年（政策引导）

认识到东海岸市场的常规天然气供应减少，以及煤层气的可能影响，昆士兰州政府于 2005 年 1 月提出了 2004 年电力（13%天然气计划）修正法案。该法案鼓励发展新的天然气供应，要求电力零售商至少 13%的电力来自天然气或可再生能源。这一要求在 2010 年增加到15%，到 2020 年增加到 18%（Salmachi et al.，2019）。这项法案起到了促进苏拉特盆地商业生产的作用，2006 年在蒂普顿西部、科甘等开工的项目迅速增加。2007 年昆士兰州煤层气产量超过了该州常规天然气产量，2011 年底，苏拉特盆地煤层气产量超过鲍文盆地煤层气产量。

在这一阶段，新南威尔士州出现了一个截然不同的故事。新南威尔士州北部的冈尼达盆地、克拉伦斯-莫顿盆地和格洛斯特盆地已开始勘探，但没有任何项目进入商业生产。新南威尔士州政府在本阶段和第五阶段以约 2700 万美元回购了克拉伦斯-莫顿盆地和格洛斯特盆地的勘探许可证，以停止这些地区的煤层气勘探和生产。到 2011 年，澳大利亚共钻探了 4600 多口煤层气井，其中 80%在昆士兰州，只有 20%在新南威尔士州。

5）第五阶段：2011～2016 年（液化输送）

随着产量和储量的增加，煤层气运营商开始为他们的天然气寻找一个巨大的市场，与此同时东亚国家正在寻找天然气来推动其国内增长计划。这两股力量促成了将煤层气转化为液化天然气出口的想法展开，由此见证了煤层气大规模液化的工厂建设。这一阶段标志着澳大利亚天然气行业格局的重大变化和成熟，其中两个项目由当地公司（桑托斯公司和安瑞井能源公司）运营，这是澳大利亚公司首次运营的大型液化天然气项目。除了大规模的基础设施建设外，这一时期的液化天然气设施扩建也促使了昆士兰州约 6000 口井的钻探和竣工。新南威尔士州的低水平活动在这一时期继续，只钻了 100 余口井。

6）第六阶段：2016 年至今（规模出口）

澳大利亚的天然气行业进入液化输送阶段后，继续钻探和完成数千口井以保持液化天然气（出口）和国内天然气市场服务的要求将是重点。液化天然气价格与国际石油市场接轨，也导致国内天然气价格上涨。这些经济因素促进了昆士兰州天然气行业的扩张，预计在液化天然气项目的整个生命周期内以及以后都将继续发展。这意味着新的开发项目正在不断地投入使用，而且很可能在未来的许多年都会这样做。

2020 年 9 月，独立规划委员会（Independent Planning Commission，IPC）有条件批准了纳拉布里天然气项目。据估计，纳拉布里天然气项目有可能供应新南威尔士州一半的天然气需求。澳大利亚地球科学院估计，截至 2020 年，澳大利亚的煤层气储量为 43 TCF[①]。92.5%的储量位于昆士兰州的苏拉特盆地和鲍文盆地。促使澳大利亚煤层气开发利用迅速发展的主要因素在于：①澳大利亚是《京都协议》的签约国，降低碳排放量是澳大利亚调整能源结构、发展洁净能源的原动力；②煤炭工业供过于求，竞争加剧，而天然气及其加工业的政策逐步宽松；③澳大利亚东海岸人口密集，工业发达，发电业和加工业等对天然气的需求量迅猛增加，天然气供需缺口大。

　　澳大利亚煤层气产业发展和政策引导可以分为六个阶段，但是贯穿六个阶段的探勘开发技术，则可以鲜明地分为两个技术历程。第一技术历程主要集中在 2011 年前的四个阶段，澳大利亚在鲍文盆地的低阶煤中应用了"美国技术"，由于"美国技术"在低阶煤资源的适用性较好，鲍文盆地的煤层气产量大幅度上升，但产量最高仅达 76.5 亿 m³ 且后继无力。第二技术历程则出现在 2011 年之后，随着多层水力压裂技术的突破，澳大利亚实现了苏拉特盆地煤层共生致密砂岩气（煤系气）的规模开发，直井单井日均产量高达 10000m³。2014 年之前，澳大利亚学术界仍认为全部产气来源于煤层气，但 2015 年以后逐渐更新了认识，发现煤岩和叠置共生的致密砂岩共同产气，并提出了煤系气的规模开发概念，最终集成发展了煤系气的合采技术，形成了年产 400 亿 m³ 规模，表现出很好发展势头，煤系气产量位居全球第一。

　　综上可知，澳大利亚煤层气产量的突破，源于对"美国煤层气理论与技术"的扬弃，并没有局限在低煤阶煤层气的开发，而是针对本国煤系气特点，发展了煤系气的合采技术。澳大利亚煤层气的开发历程可以明显说明"美国技术"并无普适性，只有突破"美国理论和技术"限制，煤层气或是煤系气方可以成为国家能源支柱。

---

　　① TCF（trillion cubic feet），石油开采过程中的体积单位，主要为英制单位，表示万亿立方英尺，1TCF = 283.17 亿 m³。

4. 其他国家与地区

全球其他国家和地区，如印度在达莫德尔（Damodar）河谷盆地、俄罗斯在库兹涅茨克（Kuznetsk）盆地、英国在奔宁（Pennine）盆地、德国在鲁尔（Ruhr）和萨尔（Saar）煤田以及乌克兰在顿涅茨克（Donetsk）盆地都进行了煤层气的开发尝试。

1）印度煤层气开发

印度煤炭资源量为 2400 亿 t，煤层气资源量为 4.6 万亿 m^3，最具煤层气开发潜力的地区位于加尔各答西北 161km 的达莫德尔河谷盆地，面积约 6500km^2，煤层厚度为 3~18m。该煤层气田的压裂施工主要根据储层厚度和层间距，将一些小层段结合到一起笼统压裂，这样可以减小作业段数。截至目前对该煤层气田已经开展了三次大规模压裂。

第一次压裂于 2009 年 4~8 月进行，这次压裂有 5 个主要特点：①成功进行 42 井次的压裂施工；②在所有储层采用常规电缆射孔；③分批配液；④在现场使用了支撑剂；⑤使用球 + 隔板系统进行分层。

第二次压裂于 2010 年 12 月~2011 年 6 月进行，这次压裂有 9 个特点：①进行了 105 井次的压裂施工；②44 井次采用常规电缆射孔，61 井次采用连续油管水力喷砂射孔；③压裂一口斜井；④借鉴第一次压裂经验，优化了压裂方案，提高效率、降低成本；⑤水合物和凝胶直接混合，节省时间、节约用料；⑥用砂塞置换压裂的最后一段，完成层位封隔；⑦引进了包括液罐车在内的可移动设备，节约了时间；⑧支撑剂在仓库中分选并在筒仓中输送，然后在现场从移动筒仓中转入砂罐；⑨实现了一天压裂三段的突破，而在第一次压裂时一天只能压裂一段。

第三次压裂施工吸取了前两次施工作业的经验，从一个井位钻多口斜井（3~4 口），大大减少了井场移动的时间，能够在一个月完成更多的压裂施工。在提高压裂效率后，地质-工程一体化进程快速推进，截至 2013 年 12 月，拉尼根杰（Raniganj）地区中部区块已有 3 个煤层气区块共有 560 余口煤层气井投入生产，所有井产水量约为 12160 m^3/d；东北区块约有 300 口煤层气井，产气和水量分别为 70 万 m^3/d 和 6300 m^3/d。

2）俄罗斯库兹涅茨克煤层气开发

俄罗斯库兹涅茨克盆地拥有丰富的煤炭储量，探明煤储量和产量在俄罗斯居首位，面积约 25900km^2。Naryksko-Ostashinskaya 煤层气区块位于库兹涅茨克盆地的中部，主要为 Kyrgay-Ostashinskaya 向斜褶皱和 Narykskaya 背斜褶皱，向斜轴、背斜轴近东西向延伸，展布特征相似。Kyrgay-Ostashinskaya 向斜北翼较缓，倾角为 15°～25°，南翼倾角为 40°～50°；Narykskaya 背斜北翼较缓，倾角为 18°～30°，南翼较陡，倾角为 30°～75°。通过确定的煤层的赋存条件（厚度、埋深、储层压力）和物性特征（包括孔渗性、吸附性、含气性）等储层参数，应用水平井、水平分支井和水平井井组模拟快速降低采动区甲烷浓度。煤层气开采模式为：原位区采用直井，完井类型为多煤层压裂完井、多煤层裸眼扩孔完井，井网布置形式采用梅花形井网；采动区采用 U 形井和水平井。

分支井可以集中在煤层厚度为 2m、埋藏深度为 200～1000m 的地区，假设每个分支井的引流面积为 1.5km^2，因此在 84～86 号煤层中可以分别规划 11 个和 9 个分支井。分支井的可钻区选择遵循如下标准：①煤层厚度大于 2m 且连续分布；②200m<埋深<1000m。根据目标煤层厚度分布，84～86 号煤层厚且连续分布，因此在此煤层中布置分支井中。原位区、采动区煤层分别采用不同的开采模式，原位区采用直井，完井类型为多煤层压裂完井、多煤层裸眼扩孔完井，井网布置形式采用梅花形井网。Naryksko-Ostashinskaya 煤层气田共对 9 口煤层气井（N-28、N-29，N-31～N-37）完成压裂施工。N-29、N-31 井井压裂煤层为 80～88 号煤层，最大产气速率分别为 15400m^3/d、9000m^3/d；N-34、N-35 井井压裂煤层为 69～78 号煤层，最大产气速率分别为 9400m^3/d、5500m^3/d；N-28 井、N-33 井、N-37 井压裂煤层为 90～103 号煤层，产气速率峰值分别为 2000m^3/d、2900m^3/d、1000m^3/d。

3）英国奔宁盆地

奔宁盆地位于英格兰地区，面积约 200km^2，北奔宁山是在大奥尔斯顿（Alston）地块抬升时形成的，有西部的伊甸园悬崖和北部的泰恩裂隙，河谷的网状系统受到切割，形成了从艾伦河下游陡峭的树木丛生的峡谷。采空区和采动区的地面煤层气开采、地下煤炭气化，以及煤矿废弃井煤层气回收等新技术的出现，使得英国开始对深部废弃矿井中的煤层气资源进行开发利用。英国的煤层气产业规模不大，主要是产自生产煤矿区的煤井气和煤矿废弃矿区的废井气。煤层气产量低于陆上天然气产量。地面煤层气钻探于 1992 年开始实施，在苏格兰福斯河河谷地区为实现商业开采积极推进开发活动，英格兰西北地区也在 2006 年底进入开发阶段，但目前地面煤层气生产区没有进行大规模生产。

　　英国对地面煤层气勘查的基本要求是埋深 200～1200m，厚度大于0.4m 的未开发煤层。低渗透性和高钻井成本使较深的煤层气靶区缺少吸引力。具有良好勘查前景的靶区应该具有足够的甲烷含量（大于 $7m^3/t$），且通常随着煤阶增高而增长。但是渗透性是比甲烷含量更关键的因素，英国煤层表现为低渗透性，限制了地面煤层气开发的可能性，因此没有商业化开发。

　　4）德国鲁尔和萨尔煤田

　　德国鲁尔和萨尔石炭系煤田，位于德国西部北莱茵-威斯特法伦州，邻近荷兰，由莱茵河东岸的支流鲁尔河而得名。含煤地层往北倾伏，再往北抬起形成下萨克森煤田。该煤田东西长 126km，南北宽小于 57km，面积 6200km²，其中勘探及已采面积约 3300km²，蕴藏硬煤，煤炭资源量 2870 亿 t，储量 390 亿 t，占德国烟煤和无烟煤资源量或储量的 90%。该煤田是德国最大的煤炭基地和综合性工业基地。德国的硬煤资源全部为石炭系。

　　煤系由滨海相与陆相沉积物交替组成。含煤 130～200 层，其中可采煤层 48～60 层，总厚度为 80m。可采煤层厚度为 0.5～2.8m，平均厚度为 1.1～1.2m，煤层稳定，煤系中部含煤性最好。煤类从长焰煤到无烟煤齐全，煤变质程度随埋深而增加，在垂直和水平方向均呈带状分布。其中长焰煤和气煤占资源量22%、肥煤占59%、焦煤占15%、瘦煤和无烟煤占 4%。绝大部分为光亮煤，灰分一般为 6%～8%，硫分 0.5%～1.5%。煤田构造呈北东—南西向宽缓的向斜与较窄的背斜依次交替，背斜被巨大走向逆断层所破坏，随后又被高角度横断层所切割。

截至 1997 年，德国开采煤层气的中试项目在鲁尔和萨尔煤田进行。在萨尔煤田，由萨尔煤炭有限公司和萨尔远程煤气公司打两口试验井。试验井最终深度 1900m。煤层采用水力压裂来改善其透气性，其中一口钻井日产气 6000m³。后期，由于德国对浅部水力压裂技术的禁止，德国的煤层气开发并没有展开。

5）乌克兰顿涅茨克盆地

顿涅茨克盆地是乌克兰东部与俄罗斯毗邻地区的一个主要煤矿区。它包括顿巴斯褶皱带，是普里皮亚季-第聂伯河-顿涅茨克（Pripyat-Dnieper-Donetsk，PDD）盆地的隆起和挤压变形部分，以及变形明显较小的顿巴斯西部地区。PDD 盆地是一个位于东欧克拉通内的晚泥盆世裂谷构造。厚煤系形成于谢尔普霍夫-莫斯科（Serpukhov-Moscow）盆地裂谷期后期，沉积了约 130 层，每层厚度均在 0.45m 以上。早期的谢尔普霍夫煤层聚集在一个相对狭窄的滨带。乌克兰于 20 世纪 50 年代初开始进行煤层瓦斯排放。1985 年，116 座煤矿装备了瓦斯抽放设备，每年能回收 5.91 亿 m³ 的煤矿瓦斯。在顿巴斯，每年回收大约 2.2 亿 m³ 的煤层气。

由于资源禀赋和技术条件限制，全球除了美国、加拿大、澳大利亚和中国外，其他国家和地区的煤层气开发规模较小，并没有实现煤层气领域的产业商业化和规模化发展。

3.1.2　我国煤层气产业现状

1. 产业发展阶段

我国的煤层气资源主要赋存于南方下石炭统（C_1）、北方石炭-二叠系（C-P）、南方中-上二叠统（P_{2-3}）、上三叠统（T_3）、中-下侏罗统（J_{1-2}）、东北下白垩统（K_1）、新近系（N）等含煤地层，表现出突出的时域分布特征（关德师，1997）。

　　根据第 1 章论述可知，我国煤类齐全，从褐煤至无烟煤都有分布，煤层气类型丰富，高、中、低煤阶俱全（图 3-7）。我国晚古生代以来经历了印支期、燕山期和喜马拉雅期等多期构造运动，含煤盆地大多遭受了强烈改造，不利于煤层气资源的富集和保存（国土资源部油气战略研究中心，2006；郭涛，2021）。鉴于美国高煤阶煤层气分布局限，且未形成规模产量，因此只对比中、低煤阶煤层气的地质条件。我国煤层气分布在华北地区、西北地区、华南地区和东北地区，其中以华北地区和西北地区资源储量雄厚。同时，国内煤层气勘探开发逐步由华北向西北和西南地区发展，从高阶煤向中、低阶煤扩展（李建忠等，2012；秦勇等，2016）。

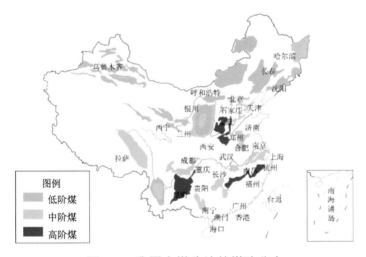

图 3-7　我国含煤盆地的煤阶分布

　　我国煤层气勘探开发经历了三个阶段，即矿井瓦斯抽放发展阶段（1952～1989 年）、现代煤层气技术引进阶段（1990～1995 年）和煤层气产业逐渐形成发展阶段（1996 年至今）。

　　第一阶段，20 世纪 50 年代煤炭工业部和地质部从煤矿安全生产出发，建立瓦斯抽放站抽放煤层瓦斯。在此期间主要进行井下瓦斯抽放及利用、煤的吸附性能和煤层气含量测定工作，煤层气的抽采主要为煤矿的安全开发服务，呈现出以煤炭为主体能源的开发特征。

第二阶段，20 世纪 80 年代至 90 年代初，美国圣胡安盆地煤层气勘探成功激发了全球范围内的煤层气勘探，我国也开始了现代煤层气勘探开发技术的引进。在抚顺龙凤矿、阳泉矿区、焦作中马村矿、湖南里王庙矿等打过 40 多个地面钻孔，并进行了水力压裂试验和研究。1992 年我国与美国安然（Enron）公司签订了评估河东含煤盆地煤层气潜力协议，进行了为期三年的煤层气先导试验项目。

第三阶段，针对高煤阶的煤层气进行了商业化规模化的开发，2004 年 12 月国家发展和改革委员会正式批准实施第一个国家级煤层气开发示范工程项目——沁南煤层气开发利用高技术产业化示范工程。截至 2009 年 10 月 25 日，完成了沁南示范工程一期全部 150 口井的钻井、压裂、排采和地面集输工程，标志着示范工程正式投入商业化生产阶段。

截至 2023 年底，全国煤层气勘探投资超 30 亿元，新增探明地质储量约 2900 亿 m^3，全国煤层气开发投资超过 100 亿元，新建产能超过 30 亿 m^3/a，深层煤层气勘探开发理论认识和技术获得重大突破，创新形成了有利区精准评价、优快钻完井、极限体积压裂、全周期一体化采气等多项深层煤层气技术，中石油大吉区块 32 口先导试验井组全年单井日均产量超 5 万 m^3。总而言之，我国高度重视煤层气的工业化开发和煤层气产业化，形成了适用于煤层气低成本勘探开发的理论与技术体系，特别是对于（超）低渗中、高阶煤藏实现了煤层气产业化（主要集中在沁水和鄂尔多斯盆地东缘），然而除（超）低渗中、高阶煤层外，对其他类型煤层探索并未取得明确的可推广的突破。目前我国煤层气发展处于前所未有的困境：连续三个五年计划没有完成国家预期目标，具体表现在现有理论与技术开发的生产井的单井产量低，排采周期长、投资回收慢、综合成本偏高，且受"页岩气开发热"冲击，决策者开始对煤层气开发失去耐心和信心。

2. 不同类型煤层气勘探开发现状

目前，我国煤层气勘探开发技术在高阶煤领域取得明显进展，达到国际先进水平且具有特色。"十四五"阶段，煤层气 13000 口投产井平均产量由 $600\sim700m^3/d$ 增到 $1200\sim1400m^3/d$，具有工业化利用价值，平均单井产量突破了盈亏平衡点，有一定的经济效益。2019 年底，我国重点在煤系气多层、多气共采取得重大进展，中煤阶煤系地层致密砂岩气取得突破实现了产业化。同时，我国煤层气抽采量逐年递增，但利用量增长速度却跟不上抽采量增长速度，导致煤矿瓦斯抽采的平均利用率一直较低，尤其是井下抽采利用率一直处于较低水平，远未达到规划目标要求。我国煤层气勘探和开发现状可以总结如下。

1）我国高煤阶煤层气勘探开发现状

沁水盆地南部高煤阶煤层气，是全球首个实现商业化的高煤阶煤层气开发基地。沁水盆地南部的煤层特征为低孔、特低渗、埋深浅、低压、高含水和高含气量，主要开发方式为直井、丛式井、长水平井混合井网开发，增产工艺从早期的胍胶压裂到变黏度清洁压裂，也对注二氧化碳增产进行了尝试。浅层煤层气丛式井具有钻井周期短、单井成本低等特点，因此丛式井技术在我国沁水及鄂东煤层气田得到了广泛应用。但是高煤阶煤层气开发单井产量低，商业化开发之后仍然存在经济效益不足的问题。根据第 1 章的资源量论述可知，高煤阶煤层气的勘探开发应该继续以沁水盆地为基础，深化盆地南部勘查的同时，将勘查重点逐步向盆地中北部转移，为中北部实现商业性开发创造条件；加快工程技术创新，改进钻井工艺；采用新的增产改造技术，努力提高单井产量。

2）我国中煤阶煤层气勘探开发现状

中煤阶占我国煤层气资源比重比较低，仅在鄂尔多斯盆地东缘取得了突破，但是尚未建立规模化生产。鄂尔多斯盆地东缘总体盖层封盖能力强，水动力条件好，煤层气保存条件好；煤储层割理和气孔发育，构造轴部次生裂隙发育，煤层气产出条件好；煤层长期持续生气，产气率逐步增大，总产气量大。

中煤阶煤层气的勘探开发应大幅度提升盆地东缘的整体勘探程度，为大规模产业化基地的建成创造有利条件；尝试多分支水平井开采技术，中联煤层气有限责任公司在柳林地区施工的多分支水平井已经取得了成功，单井产量达到 16000m³/d，创造了中煤阶煤层气平井单井产量国内纪录，对该地区的开发起到了示范作用；同时争取在勘探程度相对较高的徐淮盆地中南部的宿州、潘谢东地区探明煤层气地质储量，实现煤层气勘探开发突破。尤其在鄂东的大宁-吉县地区，自2021 年 12 月吉深 12-7 平 01 井的 10 万 m³ 日产量突破，该地区 2023 年先导区块产量增加迅速，2023 年一年内平均水平井日产量超过 5 万 m³。

3）我国低煤阶煤层气勘探开发现状

我国低煤阶煤层气开发尚处于尝试阶段，仅在辽宁阜新盆地形成了商业化的开发基地。目前在新疆的三塘湖地区进行了尝试，取得了一定的效果，但是仍然没有达到规模化开发的阶段。其资源主要分布在西北及东北含气盆地（群）中，其中以准噶尔盆地、吐哈盆地、二连盆地和海拉尔盆地最为典型，由于煤层气开发具有一定的煤矿安全属性，低煤阶煤层气尚未成为我国煤层气开发重点。对于高含水的低煤阶煤层气，完全可以借鉴"美国理论技术"进行低成本规范化开发。

4）我国地面瓦斯抽采现状

我国煤层气开发重点在煤矿区采动区，也形成了浓度梯级利用技术，但总体而言利用率仍然较低。2018 年，全国煤矿瓦斯抽采量为129.84 亿 m³，利用量为 53.09 亿 m³，利用率约为 40.89%。山西省抽采煤矿瓦斯量为 64.6 亿 m³，其中地面固定泵站抽采量为 62.3 亿 m³，井下移动泵站抽采量为 2.3 亿 m³；山西省年风排瓦斯量为 58.99 亿 m³，风排瓦斯甲烷体积分数平均为 0.20%。抽采甲烷体积分数 30%以上的瓦斯量为 26.2 亿 m³，占比 42%，利用量为 16.9 亿 m³，利用率为 64.5%，主要用于瓦斯发电、民用、瓦斯锅炉、氧化铝焙烧和陶瓷厂等；抽采甲烷体积分数为 8%～30%的瓦斯总量为 28.6 亿 m³，占比 46%，利用量为

10.6 亿 m³，利用率为 37.1%，用于低浓度瓦斯发电和氧化发电；抽采
甲烷体积分数为 8% 以下的瓦斯总量为 7.5 亿 m³，占比 12%，利用量
为 0.1 亿 m³，利用率为 1.3%，用于氧化、供热。截至 2018 年底，山西省
共有煤矿瓦斯电站 141 座，装机容量 160 万 kW，其中已建成 146 万 kW，
在建 14 万 kW。

　　主营煤层气开采与利用的上市企业蓝焰控股在业绩说明会上透
露，由于在日常抽采、输送过程中存在工艺损耗、客观排空和主观排
空，该公司煤层气抽采量和销售量存在差异。公开数据显示，2020 年，
蓝焰控股煤层气生产量超 15 亿 m³，销售量仅为 9.12 亿 m³。2018 年、
2019 年，蓝焰控股煤层气生产量与销售量差距也不小，生产量分别为
14.64 亿 m³、14.82 亿 m³，销售量分别仅为 6.87 亿 m³、7.81 亿 m³。也
就是说，蓝焰控股每年有约一半的产出煤层气未被利用。这并不是个例。
事实上，以煤层气开采利用为主要业务的企业普遍都存在抽采煤层气利
用率不高的问题。山西、贵州、新疆等煤炭主产区，是煤层气主要抽采
区。煤层气易燃易爆，号称煤矿开采的"头号杀手"，因此煤层气的抽
采利用，可化害为利、变废为宝。

　　目前煤矿瓦斯利用率偏低，主要问题在于浓度低于 30% 的低浓度瓦
斯。从应用端看，井下抽采的煤矿瓦斯主要应用在两方面，一是民用燃
气，二是发电。其中浓度在 30% 以上的煤矿瓦斯利用问题并不大；10%~
30% 的低浓度煤矿瓦斯更多用于发电，但发电效率较低，经济性不强；
10% 以下浓度的利用更多处于探索示范阶段，暂未普及。

　　虽然我国煤层气产业发展取得了显著成效，但 2015 年以来能源行
业进入市场低迷期，且煤层气产业总体上仍处在起步阶段，存在如下亟
须解决的问题和困难（朱庆忠，2021）：①煤层气地质条件复杂，碎软
煤层开发难度大。我国煤层气储存条件具有"三低一高"（低饱和度、
低渗透性、低储层压力、高变质程度）的特点，大部分矿区煤层渗透率
在 $10^{-7} \sim 10^{-6} \mu m^2$，比美国低三四个数量级。尤其是碎软煤所占的比例
大，约为 60%，地面井压裂效果差，单井产量低；井下钻孔施工困难，

增透增产效果有待提高。②煤炭开发重心西移，针对性技术有待开发。针对西部地区低煤阶、低含气量等资源赋存条件下的煤层气规模开发有待研发。③矿区煤层气气源不稳定，综合利用率低。矿区煤层气地面开发集中度较低，总量较小，难以高效利用，制约了煤层气规模化利用。

根据我国煤层气产业发展现状可知，目前我国煤层气开发面临的主要困难、问题或者挑战，可进一步细化为如下四个方面。

第一，煤层气长期没有得到有效开发，业界内外逐渐失去耐心。任何一个产业的进步都可以总结为三段式循环发展规律，即技术时代、产品时代和市场时代，然后通过产业升级重新回到技术时代，美国页岩气产业长达上百年发展历程很好地诠释了这一客观规律，其中技术探索期长达近百年，理论技术到产业转变经历了漫长发展瓶颈期。与此相比，我国煤层气产业于 20 世纪 80 年代末期起步，历经 20 余年美国工艺技术引进消化期后于 2003 年开始商业化生产，截至 2022 年，仍处于复杂地质条件适应性工艺技术探索阶段，虽然 2022 年地面井产量尚未突破百亿立方米大关，但取得的科技进步、产气成效和奠定的产业基础有目共睹，产业发展 2022 年正处于"爬坡"期，发展大产业需要耐心。尽管 2022 年我国煤层气发展处于十分困难的时期，但我们必须坚定信念、毫不动摇、加强基础、创新思维，坚持煤层气开采理论及应用技术的深入研究。

第二，高效低成本勘探开发技术体系逐渐形成，但单井产量倍增仍难以实现。必须低成本成倍增加煤层气单井产量，现有的理论、方法和技术很难实现这一目标。国内业界也逐渐认识到单井产量提升对有效开发形成大产业的重要性，认为我国煤层气产业仍处于提高单井产量阶段（姜鑫民等，2017）。美国 2001 年煤层气产量 401 亿 m^3，生产井约 15000 口，单井日均产气量 7450 m^3（Halliburton，2012）。我国近年来煤层气新钻井很少，2022 年生产井总数约 13000 口，单井日均产气量约 1215m^3，尽管总体上超过盈亏平衡点，但仍然只有美国 20 年前的 16.31%或 1/6。直接而言，需要进一步改变技术研发思路，高度重视适用性技术尝试和工程示范,而非单纯追求技术创新。

第三,强调煤层气资源探明数量,对储量动用率关注不够。据自然资源部历年《全国石油天然气资源勘查开采情况通报》数据,2016～2019 年全国新增煤层气探明储量 1784 亿 m^3,2020 年新增探明储量 673.13 亿 m^3(国家能源局石油天然气司,2021)。全国"十三五"期间新增煤层气探明储量 2457 亿 m^3,尽管新增探明储量未达"十三五"规划 4200 亿 m^3 的国家要求,但截至 2020 年底全国已探明煤层气田 28 个,累计探明煤层气地质储量 7259.11 亿 m^3(自然资源部,2020)。我国 2020 年煤层气地面井产量 57.67 亿 m^3,储采比高达 126。考察美国历年情况,实现商业化生产头一年(1989 年)储采比为 40,1990 年煤层气产量 56 亿 m^3 时储采比为 26,产量最高年份(2008 年,556.71 亿 m^3)对应的储采比为 11,2017 年产量 278 亿 m^3 时储采比也仅有 12。相比之下,我国当前煤层气开发的困境,并非因探明储量不足或是资源探明率太低,也非因后备基地不足,而是因已探明储量的动用技术不明确所致。由此可知,有效开发促进"上产"的关键在于核实探明储量中的可采储量。

第四,注重传统领域攻坚,新领域新方向探索力度不足。我国业界多年来强调煤层气资源禀赋不如北美等地区和国家,注重在"劣质"资源背景下寻找"优质储层",专注于对不同煤阶厚煤层、构造煤储层等传统领域勘探开发技术的攻坚克难,实质上陷入一种思维定式,结果往往是"事倍功半",客观上严重打击了业内外对产业发展的信心。回顾全球煤层气产业发展历史,澳大利亚成为当今世界最大煤层气生产国的原因,可为我国煤层气有效开发形成大产业提供一些启发。澳大利亚煤层气产业起步时间与我国几乎相当,曾在全澳 4 个州 15 个盆地开展过勘探与开发试验,目前生产集中在昆士兰州鲍文和苏拉特两个盆地,全州 2019 年产量 401.29 亿 m^3。事实上,苏拉特盆地前期并没有受到过多关注,原因在于该盆地目标层系中侏罗统沃伦(Walloon)组厚煤层不甚发育,100 余层煤层中单层厚度小于 0.3m 的占煤层总数比例往往高达 90%(李乐忠,2016)。然而,2019 年,苏拉特盆地生产井

5818 口，以直井合压合采为主，产量快速上升到 315.88 亿 m³，井均日产 14875m³，是我国平均水平的 12 倍；开发较早的鲍文盆地生产井 1493 口，以分段压裂水平井为主，产量 85.41 亿 m³，井均日产 15673m³。我国多个盆地和层系煤层气地质条件与苏拉特盆地相似，如果转变思维"趋利避害"，有可能实现事半功倍（秦勇等，2019）。

综上可知，我国煤层气在煤系气多层、多气共采领域具有较好的前景，这在美国保德河盆地、澳大利亚苏拉特盆地和我国鄂尔多斯盆地东缘的开发都得到了验证，从全球范围而言，有且仅有四个国家形成了年产几十亿立方米以上级的大气田，但没有一个国家形成年产煤层气千亿立方米的大产业。煤层气的开发多年来发展速度一直较为缓慢，近年来发展势头进一步减弱，现正因页岩气和致密气产业的快速发展而被边缘化，至今全球煤层气年总产量从未达到过千亿立方米级。任其按市场经济要求的自由发展，如果不进行有组织有体系的重大问题技术攻关，那么千亿立方米级的煤层气产业今后也很难建成。

3.2　全球煤层气勘探开发技术困境

3.2.1　未能高效开发源于针对性技术没有全面突破

1. "美国理论和技术"仅适用于部分特殊煤层气藏

"美国理论和技术"仅能有效开发有水低阶煤藏，对于澳大利亚、加拿大和我国的大部分煤层气藏并不适用。研究人员没有深入探索适用于"美国理论和技术"的煤层特征。

2000 年以前澳大利亚的鲍文盆地和苏拉特盆地采用圣胡安盆地开采经验（洞穴完井）并未形成理想产量，在压裂技术成熟后（2000 年后）鲍文盆地煤层气产量才呈现了增长势头，但年产量停滞在 80 亿 m³，20 多年来未有突破。加拿大艾伯塔省的干煤层也呈现了同样的特点，在氮气和泡沫压裂（即少水和无水压力）技术成熟后，才形成商业化的开采基地。由此可知，澳大利亚和加拿大等国的煤层气开采技术均是在石油与天然气增产技术成熟后，才得以成功开发的。若煤层不含水或是弱含水，则无法通过排水来降低地层压力，吸附在此类煤层中的甲烷很难开采，故而难以排水的煤层气工业化开采便成为尚无法解决的难题。我国富含瓦斯的煤层很多并不含水。因此，目前的开采技术对此类资源类型丰富的煤层气并不能合理开发。

同时，缺少对适用于美国技术煤藏的评价方法和标准，导致我国没有筛选出合适的煤藏，并对这类煤仓进行深入及规模化的勘探和开发。

全球其他国家的煤层气勘探开发历程表明，"美国理论和技术"只适用于少数（10%～15%）的煤层，多数（85%～90%）的煤层不适用。这是因为"美国理论和技术"未能体现和反映不同类型煤层孔隙结构特点和煤层气赋存状态，也未能反针对不同类型煤层气的产气机理差异性，开采效果普遍表现为单井产量很低，且无法（难）大幅提高。

2. 煤层气开采技术以强化渗流为基础，未针对煤层气独有特点

煤层气开采必须经历解吸→扩散→渗流→入井形成产量的全过程，因此只有测定出煤层条件下不同开采方式，不同开采阶段气体的解吸速度、扩散速度、渗流速度等，并对比确定速度最慢的环节，才能确定在此条件下单井产量的主控因素，才能明确此条件下能否形成工业产量，也才能有针对性地找寻加快其最慢一步的方式和途径，从而形成提高煤层气单井产量的有效技术和方法，建立或选择适合的开采方式和有效技术。

煤层气开采中的渗流可以通过传质链式模型进行描述。煤层气的传质链式模型由四个流动节点组成（图3-8）。四个流动节点分别为基质流动、小裂缝流动、大裂缝流动和井筒管流。每个节点结束时的流体参数是下一个节点的流体起始参数，每个节点的流动能力与节点介质、流体物性参数有关。流动链中的质量流量（产量）取决于流动链中流通能力最小的节点，煤层气开发的瓶颈问题即为制约流动链中最小流动能力的因素。

图 3-8　煤层气传质链式模型

煤层气的渗流过程实质上是利用常规天然气流动机理解释的，煤层气的开发也是利用常规天然气的开采手段完成的（排水采气并非煤层气独有的开采方式，20 世纪 70 年代对威远碳酸盐岩气井早已采取了排水采气的策略）。然而，煤层介质的复杂性以及煤层气特殊的赋存机制与其他各类气藏均存在较大差异（其他气藏并不存在复杂的流动链）。煤层气的产能取决于流动链中流通能力最小的节点。研究表明基质节点的流通能力是煤层气流动链中最弱的一环，小裂缝流动是最容易被伤害的一环。

但是在大多数的情况下，所采用的方法和技术原则上只能加速渗流作用对产量的贡献，而不能直接加速解吸和扩散作用。对煤层条件下各种开采方式对甲烷解吸速度和扩散速度的影响研究并不多，对其变化规律和定量评价研究则更少，因而不能有效指导煤层气的工业化开采。

"美国理论和技术"主要涵盖了排水降压技术、特殊结构井（定向羽状水平井、U 形井技术等）技术、完井技术、井网优化技术、压裂改造技术（CO_2 泡沫压裂、活性水压裂），以及储层保护技术系列配套技术。这套系列配套技术在本质上是以渗流为基础，以钻井、完井、压裂来形成产气通道，扩大泄气面积及沟通地层深部裂缝来形成和增加气井产量。它只能较好地适用于储层中天然气渗流速度为其气井产量主控因素的气藏，对吸附气占 90% 的煤层气藏并不适用。其中仅排水降压技术属于煤层气特点，整个理论技术体系未能充分体现煤层气生产的特点。

3. 现有技术缺乏针对煤系气开发的特点

2020 年以来，中国石油在鄂尔多斯盆地临汾地区的深部煤层气突破，改变了过去对深部煤层气开发地质条件的传统认识，发现较高地层温度导致游离气比例显著增高，煤储层渗透率与地应力状态密切相关而非仅受埋深控制，较高地应力与地层温度耦合致使深部储层能量极高，深部弱富水高能量储层条件适合于煤系气"排气降压"开采，深部煤层气富集高渗条件受到微构造高点控制。相关认识已被我国近年来现场试验陆续证明，深层井"见气时间短、见气时压力高、见气后产液量少"；一批深度为 1300~2400m 的煤系气井产出了 4000m^3/d 的高产气流，部分井最高日产气量高达数万立方米。也就是说，深部煤系气具有良好的有效开发地质条件，是促进我国形成煤系气大产业的现实新领域，但是适应性勘探开发技术尚处于探索阶段，急需持续科技攻关并加大现场试验力度。

煤系地层中煤层和砂岩层多叠置分布，且无分布规律，根据其接触关系和地层中分布位置可将煤层和砂岩层的分布关系分成两种主要形式：一种是煤层和砂岩层距离较近的形式，煤层和砂岩层接触或者煤层和砂岩层之间存在较薄的隔层；另一种是储层之间距离较远，中间隔着较厚的地层或隔层，两种分布方式如图 3-9 所示。当煤层和砂岩层距离较近时，常规开采是将近距离的多个储层合层开发,而开采此类储层一般是通过水力

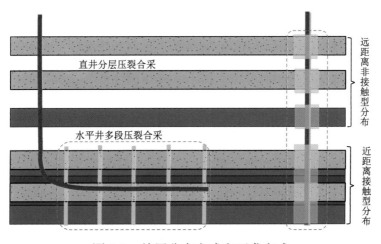

图 3-9　储层分布方式和开发方式

压裂形成压裂缝将多个储层相连通，因此水平井多段压裂方式可以很好地开采此类组合方式。当储层之间距离较远时，压裂缝无法将储层进行连通，只有通过井筒相连通，因此直井是开采此类储层的最佳方式。

煤层气和致密砂岩气赋存机理不同、开采方式有差异。它们合采时打破原有平衡，往往产生严重的层间干扰现象，因此产层组合与合采时均需要考虑层间干扰带来的影响。目前多层合采以直井和水平井多段压裂开采方式为主。直井合采是通过井筒将多个储层串联进行合采；水平井多段压裂是通过压裂缝将相距较近的多个储层相连通，通过水平井进行合采。不同合采方式都存在层间干扰，直井合采时不连通的储层之间通过井筒产生干扰，水平井多段压裂合采时多个储层通过压裂缝之间的连通产生接触关系，近距离产生扰动。多层合采时层间干扰主要由储层之间的压力不平衡产生压力干扰。

1）储层流体干扰

通常情况下煤层割理中饱含煤层水，排采时需要排水降压生产；砂岩层中含气饱和度较高而含水较少，且砂岩气藏开采时不需要排水，致密气藏开采过程中应避免水敏造成的储层伤害。煤层气开采时需要长时间的排水降压，煤层产水导致井筒中大量积液，排采初期动液面高度较高。

若砂岩层位于煤层下部，合采时煤层产水并在井筒中聚集，则砂岩层可能长期受到水淹，甚至发生煤层水倒灌砂岩层的现象，如图 3-10所示；即使当砂岩层位于煤层上部时，若井筒中液注高度大于砂岩层顶部，则砂岩层同样处于水淹状态，造成砂岩层水敏等储层伤害，影响合采产气效果，如图 3-11 所示。

鄂尔多斯盆地东缘一口煤层-致密砂岩层多层合采井排采初期主要为砂岩层产气，由于煤层产水较多，随着排采的进行，井筒中液注高度漫过顶部砂岩层，砂岩层处于水淹状态长达一个月，导致砂岩层储层伤害，基本无法产气，之后煤层开始产气，但产气量较低，合采示意图和排采曲线如图 3-12 所示。

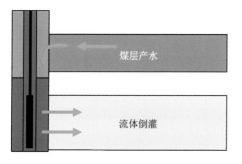

图 3-10　多层合采流体倒灌现象

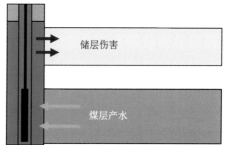

图 3-11　多层合采储层伤害现象

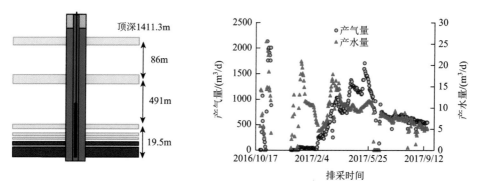

图 3-12　煤层-致密砂岩层多层合采示意图及排采曲线

2）储层压力干扰

各个储层初始条件都不一致，当合采的储层初始压力不同时，高压层和低压层合采将产生压力之间的干扰，高压层抑制低压层产气，如图 3-13 所示。当压力差异较大的两个储层通过直井合采时，高压层是主要的产层，低压层排采受限，若压力较低的为煤层时，则合采延缓了煤层排水降压。

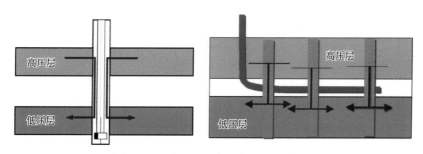

图 3-13　多层合采压力干扰示意图

3）煤粉/砂砾的生产干扰

煤层脆性较大，排采时容易产出大量煤粉，煤粉流入砂岩层中可能对砂岩层造成损害，而砂岩层的砂砾同样也可能影响煤层渗流通道。当直井多层合采时，煤层或砂岩层排出的煤粉或砂砾在井底堆积聚集，容易造成卡泵等工程问题，增加了洗井或修井的次数；若水平井多段压裂多层合采时，排出的煤粉或砂砾有可能堵塞压裂缝或渗流通道，并在水平井筒中堆积，影响气水流动，给排采带来伤害，且水平井筒不方便修井和洗井作业，如图 3-14 所示。

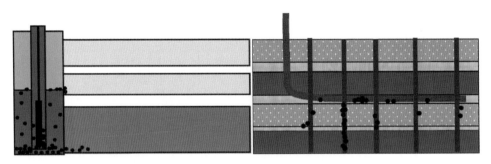

图 3-14　多层合采煤粉/砂砾生产干扰示意图

4）储层应力干扰

煤层和砂岩层岩石力学特征不同，煤层与砂岩层相比，具有泊松比更大而杨氏模量较小的特征。岩石力学参数决定了不同类型岩石的可压性及压裂缝扩展形态，多个不同岩性的储层合层压裂时会影响压裂缝扩展形态，最终影响压裂效果，如图 3-15 所示。

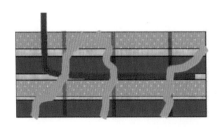
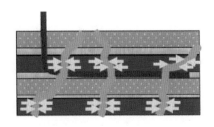

图 3-15　应力影响压裂缝扩展示意图　　图 3-16　应力影响渗流通道示意图

煤层割理较为发育，因此煤层压缩系数较大，煤层的应力敏感性较强。煤层较强的应力敏感性影响排采过程中的渗流能力，对合层排采产生影响，如图 3-16 所示。

煤系气合采过程中不仅有以上四项干扰，而且存在部分耦合效应，以临兴-神府地区发育的煤层气和致密砂岩气藏为例，勘探和开发过程中存在互层联动、近距连通和远距扰动三种耦合流动过程（图 3-17）。目前，对临兴-神府地区特殊的地质条件与开发过程中的耦合流动机理研究尚不完善，难以揭示生产过程中的耦合传质特征。

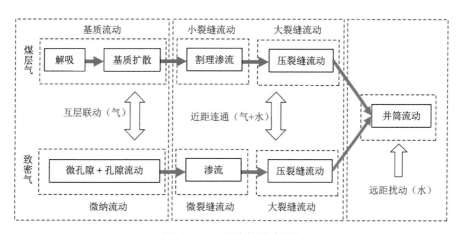

图 3-17　三种耦合机理

项目组基于传质链模型，首先，建立了吸附层-基质-割理-压裂缝-井筒流动的煤层气传质链式模型，以及微孔隙-微裂缝-压裂缝-井筒流动的致密气传质链模型。然后，根据临兴-神府地区的地质特征，通过数值模拟方法，分别研究了互层联动条件对基质-割理和微裂缝系统的耦合作用、近距连通条件对压裂缝流动的耦合作用，以及远距扰动对井筒流动的耦合作用。根据传质链耦合模型可知，决定产量的关键因素在于传质链节点上通量最小的节点，耦合作用降低了煤层气-致密气合采的整体效果，但耦合有利于合采过程中的稳产目标。

（1）互层联动。对于远离井筒的区域，致密砂层不受压裂影响，砂层内没有压裂缝和次生裂缝，砂层与煤层只有在相邻条件下，在合采过程中才会发生干扰。

赋存状态欠饱和的煤层气生产过程包括排水降压、临界解吸与汇聚产气三个主要阶段。煤层气商用模拟器通常采用单孔（基质储集）单渗（裂缝渗流）的双重介质模型处理煤层气的流动过程，且煤层水只赋存于裂缝-割理系统中。这与液相吸附条件下水的赋存和流动情况不符合，因此需要建立新的数学模型描述液相吸附条件下的煤层气解吸-流动过程。

对于临兴-神府地区，致密气的成藏就是由煤层气生烃充注的，因此客观上存在游离气的运移通道。合采过程中，煤层降压解吸之后，从煤层逸散出的天然气，可以进入上部的致密气层，虽然气藏的储量并没有损失，但是产气峰值会出现一定的滞后。

（2）近距连通：靠近井筒附近，煤层和砂岩层即使不相邻，但近井带因为受到压裂缝影响，这些裂缝将不同层位连通，导致不相邻的煤层和砂岩层也会产生压力、流体等因素的干扰。

根据临兴地区煤层与致密砂岩的地质接触关系，可以构建两种致密砂岩气层与煤层的接触关系（图 3-18）。而致密砂岩气层与煤层的连通是由压裂缝或是井筒实现的。

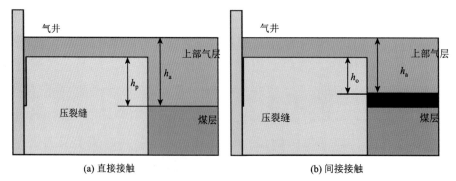

(a) 直接接触　　　　　　　　(b) 间接接触

图 3-18　两种煤层与顶板水体的接触关系模型

根据机理模型，煤层与致密砂岩的直接接触模型可以模拟致密气层的含水饱和度以及气藏储量对生产动态的影响以及不同裂缝条件下致密砂岩气藏直接对煤层气藏的生产动态影响。煤层与致密砂岩气藏的间接接触模型可以分析排采制度对煤层气生产动态的间接影响（压裂缝未穿透致密气藏）以及直井压裂缝穿透遮挡层和致密气后对煤层气生产动态的影响。

（3）远距扰动：相隔很远的煤层和致密砂岩，即使靠近井筒，但没有被压裂缝沟通，不会发生相互干扰，但在井筒内，由于被井筒连通，产生井筒内的相互扰动。互层联动可以在远井区、近井区和井筒发生；近距连通可以在近井带和井筒发生；远距扰动只能在井筒发生。这些干扰规律可以通过油藏数值模拟验证。

煤层和致密砂岩气藏在没有直接接触且相隔很远的情况下，不会发生层间干扰。但是产层通过井筒连通，生产时，由于油、套管内压力分布不均匀或者气体携液能力变差，可能会出现气水窜流或者倒灌现象，引发井筒积液问题并影响产气量。稳定生产时，发生倒灌时，大部分上层水倒流进入下层，而气相只有少部分进入下层，由于出口压力较大，大部分气相被滞留在油管上部，该区域气相体积分数基本接近 100%。在发生倒流的过程中，气相主要集中在油管中部向下流动，水主要在油管壁呈"环状"向下流动。煤系气合采过程存在着复杂的耦合效应，鄂东和滇黔地区进行了煤系气合采，由于技术没有针对性，尚未取得重大突破。煤系气开采目前侧重于理论研究，尚未针对煤系气特点，形成一系列的新技术。

3.2.2　技术未全面突破的根本原因是现有理论的桎梏

1. 不同煤阶的煤物性和气体可采性存在较大差异

煤岩从低阶演化至高阶，其孔隙结构、煤岩的物性特点都存在较大的差异。从低阶煤到高阶煤，煤岩的孔隙结构演化，并不是理想的线性关系，而是一种复杂的，类似于抛物线的关系，即部分特性在中阶煤达到最大，低阶煤和高阶煤物性都较小。具体体现在煤岩的微孔、中孔和过渡孔上，可以总结如图 3-19～图 3-21（傅雪海等，2007）。

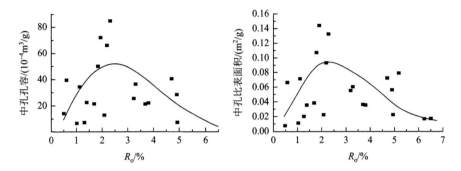

图 3-19　中孔孔容和中孔比表面积与镜质体反射率（煤阶）的关系

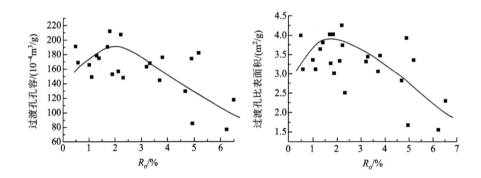

图 3-20　过渡孔孔容和过渡孔比表面积与镜质体反射率（煤阶）的关系

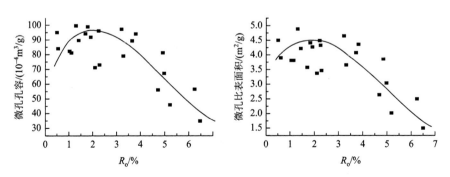

图 3-21　微孔孔容和微孔比表面积与镜质体反射率（煤阶）的关系

当 R_o<1.3%时，即第二次煤化作用跃变之前，该阶段内随煤化程度升高，总孔容急剧下降，孔面积则急剧增加。该阶段大孔孔容和比表面积急剧下降，说明在以压实为主的成岩作用和以热力作用为主的煤变质作用下原始粒间孔减少。而中孔、过渡孔和微孔孔容和比表面积则急剧增加，可能是煤化作用造成大量气孔生成的结果。R_o 为 1.3%时的第二次煤化作用跃变是孔隙特征变化的转折点，该点前后孔隙特征的变化趋势显著不同。

当 R_o 为 1.3%~2.5%时，对应于第二与第三次煤化作用跃变之间。该区间总孔容和总比表面积随 R_o 增大而增大，在 R_o 为 2.5%时达到极大值。大孔的孔容和比表面积则呈现缓慢下降趋势。该阶段中孔、过渡孔和微孔的孔容与比表面积达到了极大值，只是中孔极大值滞后些。说明该阶段大量烃类生成，造成气孔大量增加，要形成较大的中孔需要更多的烃类聚集。

煤变质演化的总体趋势是富碳、去氢、脱氧，其大分子结构演化表现为芳构化、稠环化、拼叠和秩理化作用增强、石墨结构逐渐形成，终极端元为三维有序的石墨晶体。广义的煤变质作用可以划分为从褐煤至无烟煤的煤化作用阶段、从石墨化无烟煤（超无烟煤）至石墨的石墨化阶段（图 3-22）（曹代勇等，2021）。自 20 世纪 80 年代以来，高温高压模拟实验成为研究煤变形-变质作用的重要手段，在构造煤结构演化、变形生烃作用、纳米孔隙发育、煤化作用和石墨化作用等方面取得一系列重要成果。模拟实验研究支持构造应力和应变能在碳物质石墨化过程中起到重要作用。在煤岩的演化过程中，煤的结构越来越均质，这并不是一个对于煤层气开采有利的方向。

因为非均质性的演化是向着小孔方向进行的。低阶煤阶段，结构较为杂乱，煤岩中大孔和小孔均有一定的分布，这些导致了孔隙的连通性较好（李振涛，2018）。低阶煤虽然孔喉尺寸非均质性强，但是大孔和小孔的连通性较好，高阶煤的均质性较好，但是所有孔隙均变为小孔，这严重降低了煤层气从基质中的传质速率。此规律可以在一定程度上解

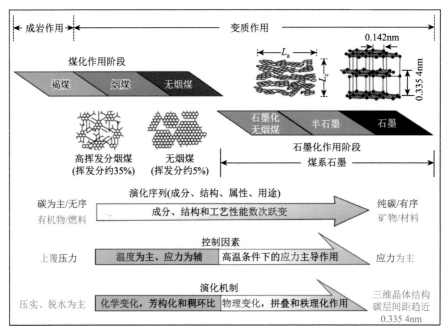

图 3-22 煤演化过程中的结构变化

释高阶煤的解吸困难问题，但是，到底什么级别的微孔含量，导致储层不能达到工业产量，由于目前的实验数据有限，尚不能总结出明确的规律。

煤层种类繁多，构造复杂，煤层气赋存条件多样，其开采理论与技术差异很大，至今没有一种开发技术能适用于所有煤层，源于美国的煤层气开采技术只能适用于一部分特殊煤层，它能形成高的单井产量且效益较好，可形成百亿立方米以上的煤层气田，但因其所占比例很小（约10%），而且研究没有深入到形成对它的评价方法和标准。因此，对这类煤藏的大规模勘探与开发没能深入及大规模进行。长期以来国内外煤层气业界都一直以"美国理论和技术"为基础进行改进和发展来开采、开发各类煤层气，不仅导致绝大多数煤层气井单井产量过低，难以大幅度提高，效益低或无效益，而且束缚了煤层气界的思维，限制了煤层气理论与技术的进步和发展。

2. 与临界解吸相关的一系列概念值得商榷

虽然地质及工程条件不同,但大多数煤层气井的排采特征比较一致,生产初期煤层中只有水可以流动,气井并不产气。在压力下降一定程度后,煤层气开始解吸,气井开始产气,这一过程被称为煤层气的临界解吸现象,产气点对应的压力为生产过程中的临界解吸压力。若煤层中含有游离气,则生产并不需要排水降压阶段。因此研究普遍认为初始状态下煤层气处于欠饱和状态,所有的煤层气均被煤层吸附。

一般采用气相吸附理论解释煤层气的吸附-解吸状态。对比气相吸附实验得到的煤样吸附曲线以及矿场煤样含气性测试结果可知煤岩的含气量一般小于对应压力下的气相吸附量,初始状态点 A 位于气相朗缪尔吸附曲线之下(图 3-23)。目前研究均认为所有的煤层气均处于吸附状态。

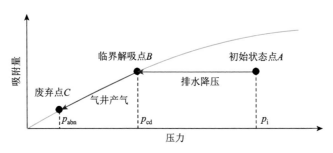

图 3-23　气相吸附理论的解吸过程

传统煤层气吸附理论通过欠平衡的吸附状态解释了欠饱和的赋存状态以及生产过程中的临界解吸现象。对比煤岩的吸附曲线和煤层的含气量可知,初始条件下,煤层气的吸附状态点 A 位于吸附曲线之下。排水降压过程中,煤层的压力持续下降,吸附状态由点 A 平移至吸附曲线上的点 B。由于煤层的含气量始终小于对应压力下的吸附量,在此过程中煤层气没有解吸。

当排水进一步进行,储层的压力继续下降,煤层的含气量开始大于对应压力下的吸附量,则煤层气的吸附状态沿着朗缪尔吸附曲线向左变化,煤层开始解吸产气。煤层气传统吸附理论认为点 B 对应的流体压力为煤层气的临界解吸压力 p_{cd}。当压力降至废弃压力 p_{abn} 时,吸附状态由点 B 沿着吸附曲线移动至废弃点 C,气井采气结束。煤层气的传统吸附理论认为初始条件下大多数煤层裂缝-割理系统中没有游离气,基质中煤层气的吸附状态是"欠平衡"的,而欠平衡的吸附状态导致了煤层气的临界解吸现象。

煤层气生产过程中的临界解吸指的是煤层需要通过排水降压,才能使赋存状态为欠饱和的煤层气解吸并参与流动的现象。虽然每个生产区块的排水时间并不统一,但排水降压是欠饱和煤层气藏开采的必经阶段。气井排水过程中,气井的套管会出现带压的情况,这是由于部分水溶气伴随产出,水溶气产量随排水量的大小而定,但此时气井不会连续产气,即煤层气尚没有发生解吸。然而,吸附的欠平衡状态与气相吸附的物理化学规律并不统一,煤层中缺少游离气的条件也与气相吸附规律不符。因此,采用气相吸附模型解释煤层气的赋存状态与生产过程中的特殊现象并不一致。气相吸附是吸附相流体与体相流体的平衡过程,不可能存在"欠平衡"的吸附状态。在气相吸附系统中(图 3-24),游离气(体相流体)与吸附气(吸附层流体)处于动态平衡状态。吸附的本质是固体表面的剩余力场使得靠近固体表面的气体密度增加。

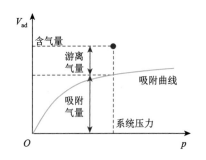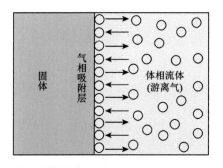

图 3-24　朗缪尔气相吸附模式

当固体表面的剩余力场与体相流体内部的力场平衡时，固体表面处的流体吸附层处于动态平衡。在气相吸附理论中，游离气与吸附气必须共存于吸附平衡的过程中，固体不可能将所有的体相流体都吸附在表面上。吸附过程中，吸附层内的气体分子受到体相流体对其引力与固相分子对其引力是平衡的，固体表面无法将单相流体全部吸附在其表面，气相吸附过程不会出现"欠平衡"的吸附状态。

因此，气相吸附系统中的含气量应该高于气体吸附曲线，即相同压力下的含气量大于吸附气量。此时，气相吸附系统中不仅存在游离气，还存在吸附气。当气体压力变化时，吸附气量和游离气量相互转化，但是系统的总气量不变。物理吸附过程中，气相吸附与解吸是瞬间完成的，不存在临界解吸现象。但是，实验测试得到的吸附曲线与矿场测试得到的煤层含气量表明，初始条件下多数煤层的含气量确实小于对应储层压力下煤层的吸附量。生产过程中的排水降压阶段说明煤层中没有游离气，而临界解吸现象说明煤层气的赋存确实处于欠饱和状态。根据气相吸附的物理化学特征可知，吸附过程并不存在欠平衡状态，吸附气与游离气同时存在于体系内。通过吸附的"欠平衡"解释煤层气赋存状态的欠饱和具有一定的局限性，煤层中缺少游离气的条件也不符合气相吸附规律。

少数煤层气井在钻井过程中出现井涌现象，且投产后立即产气，不存在排水降压和临界解吸阶段。此时煤层的裂缝-割理系统中存在一定量的游离气，气井排采后即可气水同产。但是多数煤层气的生产动态需要通过排水降压、临界解吸以及汇聚产气三个阶段。这说明煤层的裂缝-割理系统被水饱和，否则不可能存在排水降压的阶段。煤层气传统的吸附理论认为煤层气的吸附处于欠平衡状态，但基质中仍存在游离气，这本身就是自相矛盾的。根据气相吸附模型，煤层中流体的赋存状态如图 3-25 所示。

煤层的裂缝-割理系统被水饱和，而基质系统中存在大量吸附态的煤层气以及一定量的游离态煤层气和气态水（图 3-25）。煤层气的吸附

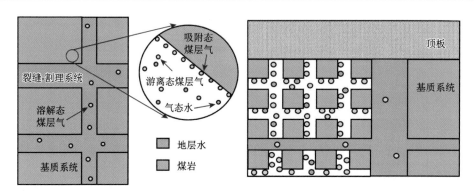

图 3-25　气相吸附理论下的煤层气-水关系

是平衡吸附，存在吸附气的同时必定存在游离气。不论常规气藏还是非常规气藏，游离气的存在一定建立在游离气圈闭存在的基础上。如果煤层基质中存在一定量的游离气，那么理论上煤层的顶板能够封盖煤层致密基质中的游离气（图 3-25）。游离态天然气的保存通常利用毛管压力封闭进行解释，这就需要存在比煤基质更加致密的顶板围岩。根据游离气的封盖原理，如果顶板围岩可以封盖基质中的游离气，那么必定可以封盖割理系统中的游离气。

　　煤的润湿性实验说明大多数煤岩是亲水的，而且煤层气的保存量与盖层的封堵能力具有相关性。所以游离气不会在毛管压力的作用下保存在基质中，而是会向裂缝-割理中流动。如果煤层中存在游离气，亲水煤层的小孔隙（基质）中应被水占据，而大孔隙（割理）中应被气体占据，这与煤层气生产动态反映出的气水关系截然相反，这是气相吸附条件下煤层气赋存的欠饱和状态与生产动态之间的第一个矛盾。

　　煤层在地质演化过程中生成了大量游离态的烃类，高阶煤演化过程中的生烃量通常为 $100\sim300\,\mathrm{m^3/t}$，远远高于煤层中保存的吸附气量。而煤层气开采过程的排水降压阶段说明这些游离态的烃类均未保存在煤层的裂缝-割理系统中，这只能说明煤层的裂缝-割理系统并不能有效圈闭游离态的煤层气。同时，煤层的基质系统比裂缝-割理系统更加致密，煤层基质中的孔隙开度基本上在纳米级别，而裂缝-割理系统的孔隙开度则在微米级别。而且煤基质的致密是热演化形成的，而并非通过压实作用形成的，因此多数煤层顶板的孔隙尺寸难以达到这样的程度。煤层的围岩尚不能圈闭裂缝-割理系统中的游离气，致密基质中的游离气则更不可能被顶板盖层圈闭。基质中的游离气如果不能被有效圈闭，只能通过盖层不断散失。由于煤层的裂缝-割理系统并不能有效圈闭游离气，基质与裂缝系统中的游离气会运移至围岩后散失，使游离气压力降低，煤层气开始解吸，吸附气不断地转换为游离气，从而导致煤层气以游离态快速散失。煤层气赋存状态并不稳定，而且煤层的裂缝-割理系统内也应存在一定量的游离气，但是煤层气的生产动态显示，煤层割理中确实不存在游离态的气体，这是气相吸附条件下煤层气赋存状态中的第二个矛盾。

如果煤层气在开采过程中存在排水降压与临界解吸两个阶段，那么煤层并不具备圈闭游离气的条件。没有游离气的存在，储层条件下煤层气的吸附行为则不适合采用现有的煤层气吸附理论进行解释和研究。由此可知，储层条件下煤层气的吸附状态并不适合直接采用气相吸附模型进行解释，目前煤层气吸附理论中的临界解吸压力、欠饱和吸附、临储比以及等温吸附曲线与含气量关系的一系列概念，均缺乏严格的物理化学依据，也有悖于现有的物理化学理论体系。

3.2.3　理论的局限性源于攻关模式的局限性

1. "瓦斯"与"油气"学科未能有机融合

煤层气是具有明显固体属性的流体矿产。煤层气产气机理十分复杂，需煤矿瓦斯安全学科和气田开发学科融合，但时至今日，两个学科仍然彼此分离。油气行业以各石油类大学与三大石油集团研究院为主要研究体的流体渗流思路，瓦斯行业以各矿业类大学与煤炭研究院为主要研究体的固体矿产思路。目前，煤层气研究领域主要由"油气"和"瓦斯"两个领域的人员研究，但均处于盲人摸象阶段，两个领域并未充分交流和有机融合。

2001～2018 年，我国井下瓦斯抽采量增长了数十倍，但利用率始终不高，一半以上的井下抽采出来的瓦斯被直接排空（图 3-26）。《煤层气（煤矿瓦斯）排放标准（暂行）》（GB 21522—2008）规定：自 2008 年 7 月 1 日起，新建矿井甲烷浓度大于或等于 30%及煤层气地面开发系统的煤层气禁止排放；自 2010 年 1 月 1 日起，现有矿井甲烷浓度大于或等于 30%及煤层气地面开发系统的煤层气禁止排放。而对于甲烷浓度低于 30%的瓦斯和煤矿回风井风排瓦斯，该排放标准未做强制性要求。

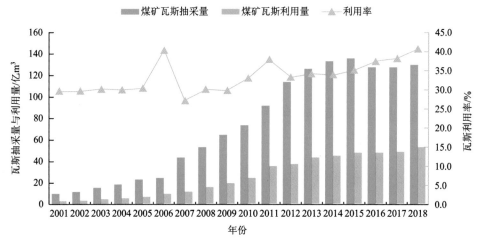

图 3-26　我国 2001～2018 年煤矿瓦斯抽采量、利用量和利用率图

煤矿瓦斯抽采是煤矿开采必要的环节，煤炭开发的零碳排放（煤矿方向）也是我国"双碳"目标的必要条件，然而，煤层气的高效利用，则需要地面抽采的方式（油气方向）进行保证。两个学科的深度融合，目前并未完成，也难以针对煤层气特有的固体+流体矿产的属性进行攻关。

煤层气产气机理是煤瓦斯逸出、释放运移与低渗、超低渗气藏渗流规律耦合作用的结果，十分复杂且无可借鉴。煤矿瓦斯安全学科与气田开发学科必须紧密结合和融合，才可能解决提高煤层气井单井产量和简化排采过程和缩短排采时间的问题，才能建立能充分体现煤层气储层地质特征、所含甲烷赋存状态、产气机理的理论、技术体系。但时至今日，在攻关研究解决煤层气开采问题时，两个学科仍然没有很好结合，彼此分离，无法建立客观、正确、实用的煤层气开采、开发理论基础。

2. "油气"与"瓦斯"生产企业对煤层气开发的途径不同

气权矿权重置等问题导致"油气"和"瓦斯"企业相互博弈，多年来缺少全面科学系统组织。煤层气开采有两种模式：一种为"矿权模式"，即瓦斯行业的"淮南模式"，在无法采用地面开采技术的低透气性高瓦斯的煤矿区，走采煤采气一体化的路子；另一种为"气权模式"，即油气行业的"晋城模式"，在适合地面煤层气开采的地区，走优先开发煤层气的路子。两种模式缺乏相互交流，导致地方煤层气企业各自为战。靠引进国外地面煤层气开发技术不能解决我国复杂地质条件下的瓦斯治理难题。从长期来看，未来我国煤矿瓦斯（煤层气）开采会采取"两条腿走路"的模式。

一是"煤气共采"的"淮南模式"。即在短期内无法采用地面煤层气开采技术的复杂地质条件低透气性高瓦斯煤层的煤矿区，走采煤采气一体化、煤与瓦斯（煤层气）共采的路子。用 5～10 年的时间，力争煤矿区瓦斯（煤层气）抽采量达到 150 亿～250 亿 m^3，尽快实现我国煤层气开发利用安全、能源和环境三重效益的最大化。2005 年我国地面煤层气产量为 6 亿 m^3，井下瓦斯抽采为 23 亿 m^3，2011 年仅井下就抽了 92 亿 m^3，几年时间产量增加这么多，原因在于关键技术的突破和国家的高度重视。我国自主研发的低透气性煤层群卸压开采抽采瓦斯煤与瓦斯共采技术、无煤柱煤与瓦斯共采技术，突破了传统采矿和瓦斯治理理论，实现了"煤与瓦斯共采"，得到了世界采矿界的高度认可。

二是"先抽气后采煤"的"晋城模式"。即在适合地面煤层气开采的地区，优先开发煤层气，突破关键技术和政策瓶颈，解决"气权矿权重置"等问题，走先抽气后采煤的路子。用 5～10 年的时间，力争地面抽采煤层气达到 150 亿～250 亿 m³ 及以上。现在井下"这条腿"比较粗，地面"这条腿"比较细。2018 年我国 115 亿 m³ 的煤层气产量中，井下瓦斯抽采量达到 92 亿 m³，地面只有 23 亿 m³。地面煤层气开发我们走过很多弯路，最初是引进美国的开发技术，结果"水土不服"。近年来，通过国家重大专项的研究，以及晋城煤业集团、中石油、中石化等一批企业的努力，在煤层气主体开发技术上取得了一些突破，建设了沁水盆地、鄂尔多斯盆地东缘两个地面开发基地，形成了一定的产业规模。

我国长期只把煤层气开采的工作重点放在煤层本身（国内长期放在低渗、超低渗中、高阶煤上），对其共生煤系气（共生致密砂岩气）的多气合采综合研究远远不够，而且在多气合采的研究中对煤层气的开采仍然沿用现有不完全适合煤层气开采的理论和技术。其结果是煤层气的开采效果不能很好发挥（对气井产量的贡献不高或更低），难以达到共采的预期效果，还可能从另一方面促进了煤层气产业的边缘化。

煤层气开发是系统工程，技术是限制行业发展的主要瓶颈。纵观我国目前煤层气产业政策，总体是以"产量"或"利用量"这一结果为激励政策的落脚点，一方面，优惠政策主要针对生产企业和利用企业，从事煤层气行业的技术服务商和设备供应商无法直接享受到优惠政策，激励政策未能贯穿全产业链，在一定程度上影响了技术的进步、新技术和新设备的研发投入。另一方面，需要等到项目取得一定产量之后再给予财政补贴，财政补贴效用明显滞后，且在很长一段时期内都没有机会发挥作用。另外，激励政策未能覆盖基础研究、勘探、开发、集输、利用等全过程。

第4章 我国煤层气形成新兴大产业的可能性和风险

4.1 资源禀赋支撑具备可能性

4.1.1 资源丰富类型多样

如第1章所述，我国煤层气资源量超万亿立方米的大型聚煤盆地有9个，目前沁水和鄂尔多斯盆地已实现了规模开发，其余7个盆地尚处于勘探阶段。

综合各方研究成果发现，我国煤层气资源极为丰富，种类齐全，浅层煤层气资源约为36.8万亿m^3，位居世界第三，2000m以深的煤层气资源约为40.47万亿m^3，与煤层共生的致密砂岩复合气资源量约107万亿m^3，预计废弃的1.5万矿井赋存的煤层气近5000亿m^3，进一步考虑煤炭生产过程中瓦斯回收利用等情况，各种类型的煤层气资源量约180万亿m^3。

值得关注的是新领域煤层（系）气勘探开发取得了突破。例如，中国石化延川南区块在我国首次实现了以区块为单位的深部煤层气的经济开发；2019~2021年，采用技术优化方式施工了24口井，其中，21口直井单井日产气量为3000~12000m^3，平均为8000m^3；3口水平井单井日产气量为15000~28000m^3，平均为20000m^3，展示了深部煤层气有效开发的良好前景。

4.1.2 稳产上产潜力大

1. 我国煤层气开发规模总体持续上升

经过30多年的不断探索，我国煤层气开发利用持续取得进展。"十一五"期间，煤层气实现规模化开发利用，煤矿瓦斯抽采利用取得重大进展。沁水盆地和鄂尔多斯盆地东缘两个产业化基地开始建设，实施煤层气开发利用高技术产业化示范工程，煤层气开发从零起步，施工煤层气井 5400 余口，形成产能 31 亿 m^3（王行军等，2019）。"十二五"期间，开发利用规模快速增长，煤层气产业链不断完善。全国新钻煤层气井 11300 余口，新增煤层气探明地质储量 3504 亿 m^3，煤层气产量 44 亿 m^3、利用量 38 亿 m^3。煤矿瓦斯抽采利用量逐年大幅度上升。"十三五"期间，随着国内油气勘探开发力度加大，川南、新疆、滇东、黔西、内蒙古等地区实现勘探突破，深层煤层气（埋深超 1800m）获得经济产量。截至 2020 年底，全国累计钻直井 19540 口、水平井 1677 口，投产 12880 口。

2. 主要类型煤层气都有稳产或上产潜力

1）中浅层煤层气稳产上产潜力大

2018 年，沁水、鄂尔多斯盆地东缘在 2000m 以浅煤层中建成煤层气产能规模约 90 亿 m^3/a。2020 年全国煤层气产量较 2018 年提升了近 9%，累计产气 343 亿 m^3，总投资超过 1000 多亿元（徐凤银等，2021）。"十三五"末，基于原有技术进行了创新，实现了效益开发。在鄂尔多斯东缘煤层气开发区，先后突破韩城区块中高阶煤 900m 以浅顶板压裂改造技术，累计试验 74 口井，单井平均产气量较常规压裂提升 50% 以上，达到 1500 m^3/d。在保德有利区开展完善井网、滚动扩编和大平台水平井建设，开发效益得到进一步提升。"十三五"期间，沁水盆地通过加密调整、完善井网、补层开发等措施使高产老区产量实现了稳中有升。樊庄区块（含成庄、郑村）2019 年产量突破 7 亿 m^3，较 2018 年提高 13%；潘庄区块（含潘河）2019 年产量较 2018 年提高约 50%（孙钦平，2021）。此外，低效区增产改造效果明显。郑庄区块 2019 年产量较 2018 年提高 15%，随着调整井不断投入生产，预计该区产量将快速提升。柿庄南区块针对低产情况采取了二次压裂等相关调整措施，平均单井产量显著提高，2019 年产量较 2018 年增加 47%（倪小明等，2020）。

临汾区块采用大规模压裂技术进行老井重复压裂改造,产量实现 3 倍增幅,达到 2000m³/d 以上。可以看出,随着认识的不断深入和技术的不断提升,中浅层煤层气依然表现出稳产上产的巨大潜力。

2)深层煤层气开发多点突破

马必东区块开展深层高效建产技术优选及试验,投产较早的 18 口产气井主力煤层埋深 1000～1300m,平均日产气 1754m³,产能到位率超过 80%(孙钦平等,2021)。大城区块探索埋深 1950～2045m 水平井分段压裂体积改造,单井日产气超 10000m³。随着深部煤层气开发技术逐步成熟,预计"十四五"期间沁水、鄂东地区埋深 1000～1500m 煤层气有望进一步实现效益开发的规模。

大宁-吉县区块埋深 2100m 左右的深层煤层气,通过直定向井勘探评价,形成深层煤层气体积酸压改造工艺,证实了工业产能(曾智勇,2015)。试采评价 14 口直井,单井日产气达到 5000m³。2021 年,通过工艺换代提升,采用大规模极限加砂体积压裂工艺,该区块直定向井产量达到 20000m³/d、水平井产量达到 100000m³/d 以上,突破了煤层气单井的极限产量,表现出巨大的增产潜力。以基本探明储量和已探明储量1121 亿 m³ 为基础,中国石油编制了 25 亿 m³/a 的产能建设规划方案,这将使我国拥有首个油当量超二百万吨的深层煤层气生产基地。

新疆油田的准噶尔盆地白家海地区多口油气直井在 2000m 以深获得工业气流。彩 504 井,西山窑组,井深 2567～2583m 抽吸 2 天后,煤层开始产气,日产气 7300m³ 关复压后,4mm 油嘴自喷试产 128d,日产气 6500～21200m³。2021 年采探 1H 井获得突破,最高日产气达到 5.7 万 m³,取得重要突破。

3)低煤阶煤层气勘探取得有效进展

低煤阶煤层气储量占全国煤层气总储量的三分之一,是我国煤层气开发的重要后备领域。目前国内学者在低煤阶煤层气气源、储层特征、富集成藏主控因素等方面开展了深入研究,建立了气源补给匹配良好保存条件的成藏富集机制。二连盆地吉尔嘎朗图凹陷采用厚褐煤层分段压裂技术，2 口井日产气超 2000m^3，先后 10 口井日产气超 1000m^3。二连、海拉尔盆地众多含煤凹陷与吉尔嘎朗图凹陷具备类似的煤层气地质特征，具有较好的勘探潜力。新疆准噶尔盆地南缘多口井也获得了高产，阜康—大黄山取得小规模商业性开发，多口直井日产气超 3000m^3，水平井日产气超 10000m^3。此外，东北地区阜新、铁法、依兰、珲春等地均已实现小规模商业性开发，昭示了我国低煤阶煤层气规模性效益开发的前景。

4.2 理论创新驱动具备可能性

如第 3 章所述，现有煤层气开发理论对我国煤层气开发不具备普遍适用性。煤层气有效开发需要从煤层气地质和开发的客观条件出发，揭示不同煤层气开发的主控因素和控制规律。本节结合理论创新的整体路径和我国煤层气的主要资源特点，论证通过理论上的原始创新驱动技术进步，进而大幅度提高煤层气产量的可能性。

4.2.1 理论创新的出发点和路径

1. 理论创新的出发点

剖析研究现状基础上，揭示不同类型煤层中的煤层气赋存状态和产出机制是理论创新的出发点。

煤层气单井日产量主要取决于煤层气在煤层中的运移动力学过程及其赋存状态，而不取决于其储量和丰度，运移动力学过程如下。

1）第一阶段：排水降压

煤层形成井眼后，在生产压差的作用下煤层裂缝中的煤层水或/和游离气会向井眼渗流而产水、产气（产量很低，游离气含量小）进行排采，开始以出水为主，逐渐水气同出，之后以气为主。同时地层压力（实为裂缝、割理内流体压力）的降低会导致产气煤层各个基质单元孔隙内游离气向裂缝（割理）扩散，使孔隙内压力降低，进而引起孔隙中甲烷吸附平衡向解吸方向移动使吸附态甲烷解吸。

2）第二阶段：增产、达产、稳产阶段

甲烷解吸（从基质单元孔隙表面脱附进入基质单元孔隙中）后还会引发一系列过程，首先是在基质单元孔隙中扩散进入割理，在割理中渗流，然后进入煤层次生裂缝和/或人工裂缝，在煤层次生裂缝和/或人工裂缝中渗流，最后从井眼产出形成气井产量。

将动力学过程与煤储层孔隙结构特征及煤层中煤层气赋存状态相结合可以决定煤层气的产气速度（单井日产量）：①吸附在煤层基质单元微孔隙表面的甲烷向微孔的解吸速度；②解吸的甲烷在基质单元微孔内（向割理）的扩散速度；③从孔隙中扩散而来的甲烷从煤层微裂缝（割理）到井眼的渗流速度。气井产量取决于这三个速度中最慢的一个，绝大多数煤层的组成及孔、缝结构又决定了在这三个速度中，渗流速度比扩散速度与解吸速度快得多，所以，气井产量应该由扩散速度与解吸速度中慢的一个决定。但速度快慢及其影响因素至今并未深入研究，目前是通过我国煤层含气量测定标准方法与煤对甲烷吸附量测定方法国家标准，以及表 4-1 中所示煤块尺寸与煤块中甲烷逸出时间关系来进行判断。

表 4-1　煤块尺寸与煤块中甲烷逸出时间关系

煤块尺寸（半径）	90%甲烷逸出的时间	50%甲烷逸出的时间
1μm	4.65 秒	/
10μm	10 分	/
100μm	13 小时	/
1mm	1 个月	/
1cm	15 年	42 个月
25cm	58.3 年	700 个月
1m	15 万年	/

表 4-1 是在室温下，煤块内气体压力为 15 标准大气压（1atm＝1.01325×10^{5}Pa）、放入压力为 1 标准大气压的大气中（压差为 1.42MPa），

用只考虑解吸和扩散（不发生渗流）的模型进行数值模拟得到的。可以判定：煤孔隙表面吸附甲烷的解吸速度很快，明显大于甲烷在孔隙中的扩散速度。因此扩散速度是甲烷从煤块中扩散出来快慢的主控因素，也是气井产量的主控因素。

表 4-1 中显示 25cm 大小的煤粒甲烷从中运移出来 90%要 58.3 年，从此处可以看出，煤层中吸附于孔隙表面的甲烷解吸于纳米孔隙中，再沿纳米孔隙扩散向割理（细微裂缝）的速度非常缓慢，因此正常情况下大多数煤层的单井产量都非常低。

目前现有的技术和方法主要是加快渗流，尚未形成能直接加快解吸速度和扩散速度从而增加日产量的理论、方法，更无有效的技术手段（这与气藏开发原理无关），这也是对现有技术和方法改进虽然可以提高单井产量，但做不到大幅增加甚至翻倍的根本原因。此外，三个首尾相接的过程其进行速度彼此之间的相互制约会增大加速它们中任意一个的难度，加上煤层压力本来就低，所以产量会更难提高。

2. 理论创新的路径

煤层气开发相关学科，特别是基础学科的发展，为创新煤层气藏有效开发理论提供了可能。特别是，以现有理论和实践为基础，深入研究不同类型煤层气藏开发机理，可形成针对不同类型煤层气藏的高效开发新理论。理论创新基本路径可以概述如下。

（1）建立现有技术可工业化开发煤层气藏的评价方法与评价标准。

（2）建立在煤层条件下甲烷吸附、解吸、扩散动力学研究方法，特别是吸附与解吸速率测定及其影响因素识别方法、甲烷扩散动力学模型及其扩散速度的分析测定方法。

（3）评价不同类型煤层中所含煤层气采用现有技术工业开发的可能性，进而优选出利用现有技术可工业化开发的煤层气藏。

（4）对现有技术不能有效开发的煤层气藏，采用上述方法，测定在煤层条件下煤层气的赋存状态，测定以吸附为主要赋存状态的情况下，解吸速度、扩散速度、渗流速度的大小及揭示其控制因素，形成不同类型煤层气藏强化开发的理论体系。

4.2.2 理论创新推动不同类型煤层气藏有效开发的可能性

1. 可适用现有理论与技术获得高产井的煤层气藏（以下称为"第一类煤层气藏"）

1）低煤阶煤层气藏

按照煤层气井产气过程及气井产量形成机理来看，我国低阶煤属于基质孔隙型，即孔隙度高（10%～15%）、以中大孔为主（≥100～1000nm）、游离气储集空间大，运移以渗流为主。解吸的甲烷在基质孔隙中通过渗流进入割理，再在割理中渗流入井，整个运移过程无扩散，只有解吸和渗流。此外，由于有埋藏浅、厚度大（可大于 10m）、含气量通常小于 10m³/t（类似常规低渗、超低渗气田，大于一般的常规超低渗气藏，更大于页岩气藏）、解吸速度快，甲烷解吸后整个体系（基质+割理）中全为渗流，且渗透率较高（一般在 10mD 左右）的特征，所以现有理论和技术可以对其进行有效开发，并可能根据煤的基本单元中孔隙的大小和基本单元尺寸大小不同获得高产井（直井＞10000m³、水平井＞100000m³）和产量较高的井（直井＞5000m³、水平井＞10000m³）。

2）深部煤层气藏

煤层中 85%～90%的甲烷处于吸附平衡状态，压力升高有利于吸附，温度升高有利于解吸，其中温度的影响远大于压力的影响。随着埋藏深度的增加，煤层压力和温度也会升高，这将导致煤层气中游离气的比例增大，达到一定深度（煤层气吸附状态的"临界深度"）后，高温的解吸效应超过高压的吸附效应，游离气的含量会接近或达到50%以上。在煤层含气量高（例如中、高阶煤大于 15～30m³/t）且井煤层压力较高时，可以用超低渗气藏或致密气水平井压裂或水平井体积压裂等现有煤层气开发理论与技术方法进行有效开采来获得高或较高的单井产量。

3）高瓦斯废弃煤矿矿井、煤矿采空区的瓦斯（煤层气）资源

我国是煤炭生产大国，煤炭产业历史悠久，但随着落后产能的逐步淘汰，我国关闭/废弃矿井的数量大幅增加。根据中国工程院重点咨询项目"我国煤炭资源高效回收及节能战略研究"，2030 年我国废弃矿井数量将到达 15000 处（袁亮，2019）。矿井关闭或废弃后，矿井中残留、聚集着大量瓦斯资源。据调查，截至 2018 年，关闭/废弃矿井中赋存煤炭资源量高达 420 亿 t，煤层气（瓦斯）近 5000 亿 m^3（袁亮等，2018）。仅山西省就累计形成了 4700 余处废弃矿井，采空区瓦斯资源量约 2100 亿 m^3 以上。由于废弃矿井采空区、开采扰动卸压区中的遗煤已经完全卸压，其渗透率会大为增加，所含瓦斯大多处于游离态，即使是吸附态的瓦斯也容易解吸扩散形成游离态，所以完全适用于现有的地面建井开采技术，可以获得高产气井。"十二五"国家重大专项的研究成果也证明了，在废弃矿井采空区、开采扰动卸压区完全能够获得平均单井产量 10000～30000m^3/d 的高产井，若把它们作为煤层气藏的一种特别类型，并研究适合其勘探开发的技术则可能建立起年产上亿立方米、十亿立方米级的浅井、高产的煤层气田大产业，总规模可达年产 100 亿～150 亿 m^3。

找出并勘查、评价第一类煤层气藏，得出其大概储量，再利用我们已掌握的先进技术开展具有针对性的有效开发，将是建成我国千亿立方米级的煤层气大产业现实而坚实的基础。

2. 低渗、超低渗中高煤阶煤层气藏（以下称为"第二类煤层气藏"）

对于低渗、超低渗中高煤阶煤层气的有效开发必须满足以下三点。

（1）提高单井产量和采收率，使其尽量达到最高的工业价值，例如平均直井单井产量必须大于 2000～3000m^3/d（目前我国单井产量盈亏平衡点 1000m^3/d，投产井平均日产量约 1200～1300m^3），采收率大于 50%～60%（田中兰等，2010）。

（2）降低开发综合成本使其具有尽可能高的经济效益。

（3）对环境、生态友好。

但第二类煤层气藏储层基质单元中孔隙的孔径为 10～100nm，解吸后的甲烷只能在孔隙中通过扩散进入割理，然后再发生渗流，整个产气过程为解吸-扩散-渗流-井眼形成产量，同时割理渗透率很低（0.01～1mD）也导致了煤层深处排水降压十分困难。解吸、扩散、渗流三个过程首尾相接，甲烷运移所需的压力之间相互制约，加上原本不高的煤层压力，所以其气井的单井产量很难超过 1000m³/d。现有的理论和技术也暂时无法加快气井产量的主要控制因素，即扩散速度。因此，此类煤层的煤层气井一般产量极低甚至无产，无法在增产措施方面进行有效突破。

不过开发这类煤层也存在一些有利条件。割理密度高，基本单元尺寸小（0.10～0.30cm），含气量高（≥15m³/t），气井生产周期长，气井比同物性的低渗、超低渗、致密气藏累计产气量高；甲烷解吸后煤层渗透率会大幅提高；稳产时间长，共生致密砂岩中气的产出可以增大单井产量或延长气井生产周期从而增大平均单井累计产气量。所以应该可以从以上特点出发，找出针对此类煤层的增产原理和方法。

1）低渗、超低渗中高阶煤储层煤层气井产量的主控因素

前面介绍过甲烷在煤层中同时存在三种原理完全不同的运移过程：①煤层内基质单元微孔隙表面吸附（吸收）甲烷的解吸；②解吸的甲烷在基质单元微孔内（向割理）的扩散；③从孔隙中扩散而来的甲烷在煤层割理中向井眼的渗流。由于这三个过程中①和②是在煤层中的基质单元中依次进行的。因此，也可以把产气过程分为两个阶段：第一阶段，煤层里的甲烷从其各个基本单元中解吸，扩散运移出来进入割理（①、②合并）；第二阶段，从煤层各个基本单元中运移出来的甲烷在煤层各割理-裂缝中向井眼渗流。一般情况下渗流速度大于解吸、扩散速度，故煤层气井产量取决于解吸、扩散速度，即甲烷从基本单元中运移出来进入割理的速度（气井产量由扩散速度决定），这是煤层气产气机理的本质和与常规气、页岩气产气机理的本质不同之处。

2）为两个关键参数 $v_{移}$ 和 $v_{渗}$

在产气煤层里单位时间内从所动用煤层的所有基本单元中运移出来进入割理中（第一阶段）甲烷的速度为 $v_{移}$，同一时间里从这部分煤的割理、裂缝中渗流到气井形成产量（第二阶段）的甲烷的速度为 $v_{渗}$，它们的大小关系决定了气井产量。

对一般煤层而言 $v_{移}$ 很小，远小于 $v_{渗}$，$v_{移}$ 是气井产量的主控因素，只有大幅提高 $v_{移}$ 并达到 $v_{移} \geq v_{渗}$ 时，才可能使其单井产量明显提高，但目前缺乏提高此类煤层 $v_{移}$ 的方法与技术。因此，研究出可以大幅提高 $v_{移}$ 使之满足 $v_{移} \geq v_{渗}$ 的理论技术是增大此类煤层单井产量以实现有效开发的核心和关键。

3）低渗、超低渗中高煤阶煤层气的 $v_{移}$ 与 $v_{渗}$

我国中高阶煤层气藏（2000m 以浅）的渗透率为 0.002～1.00mD，孔隙度为 5%，地层压力为 5～20MPa，含气量大于等于 15m³/t。对于同样物性的常规低渗超低渗气藏或致密气藏是可以用现有理论技术实现高产量的有效开发的，但此类煤储层割理中的游离气只占 10%，90%的甲烷吸附在煤层的基质单元内的微孔中无法对割理进行补充，$v_{移}$ 很小。所以气井产气时，在气井控制储量范围内的产气煤层割理中，游离气通过渗流流入井中形成的气井产量 Q（单位为 m³/d）无以为继（Q 的大小由煤储层压力、温度、物性与开采方式按现有气藏开采技术决定），表现为气井无产或产量极低。为解决此问题以实现有效开发进行了一些设想，即对于相同物性的中、高阶煤层气藏，假设煤层所含甲烷全部以游离气方式存在于割理中，将其看作一个典型的常规裂缝性气藏就可以用现有理论和方法进行有效开采与开发。

若产气过程中通过割理渗流流走的游离甲烷可以及时得到足额（超额）的补充，则可视为 $v_{移} \geq v_{渗}$，该气井能长期维持 Q 的产量直至所有基本单元中可运移的甲烷完全运移出。我们将这段过程所花费的时间定义为该井的生产周期。这样气井产量的大小就变成了由煤层中的甲烷通过割理和裂缝向井眼渗流的速度 $v_{渗}$ 决定，可以用现有气藏开采开发的理论、方法与技术对其进行有效开发(类似对低渗、超低渗常规气藏开发),获得比与此煤层气藏物性相同的低渗、超低渗常规气藏、致密气藏更高的单井产量 Q。此处的 Q 是根据煤层的压力、渗透率、含气量、温度等储层参数与开采方式(直井压裂、水平井分段压裂、长水平井体积压裂)获得的几千立方米、几万立方米,甚至几十万立方米以上的单井产量,突破了单井产量 1000m³/d 的局限,且气井的稳产期和生产期更长,累计产气量更高。

此外,由于第二类煤层气藏具有埋深浅(<2000m),压力较低(一般为常压),渗透率较低(0.002~1.00mD),单井产量不高,为 2000~3000m³/d,工程要求相对简单,单井投资低等特点,所以仍可能获得显著的经济效益,利于吸引各类资本的投入,可能形成较好的开发经营模式,从而建立起百亿立方米的大气区,全国多个此种气区可一起构成年产煤层气大于几百亿立方米的大产业。

4)如何提高 $v_{移}$ 并使之达到 $v_{移} \geqslant v_{渗}$

(1)大幅度提高第二类煤层气单井产量的方法与技术途径。

根据煤层气在煤的基本单元中的运移规律得知,影响 $v_{移}$ 大小的因素有:①煤块基本单元大小(我国中高阶煤基本单元尺寸一般为 0.10~0.30cm,每个煤层都有一个确定值);②解吸速度。解吸速度受煤的类型、孔隙类型吸附势、吸附量、煤层压力、吸附平衡压力与割理内甲烷气相压力、压差梯度、温度、吸附平衡压力与孔隙内气相压力之差等参数的影响;③扩散速度。扩散速度受基本单元内孔隙类型、孔隙大小,孔隙内甲烷气相压力(开采前即为煤层压力)、割理内甲烷气相压力、温度等参数的影响。这些因素大部分不可改变,但割理内甲烷气相压力 $P_{割理}$ 可以人为降低(例如排水降压),$P_{割理}$ 的降低会改变 $v_{移}$ 的大小,$P_{割理}$ 降得越多(即 $\Delta P_{割理} = P_{煤层} - P_{割理}$ 越大),则 $v_{移}$ 就越大。此外,煤块基本单元尺寸也对 $v_{移}$ 有决定性影响,例如表 4-1 的情况。

由表 4-1 可知:①在煤块内气体压力为 15 标准大气压的条件下,放入压力为 1 标准大气压的大气中,煤块基本单元尺寸大小对其所含甲烷移出 90%的时间的影响极大（时间越短，$v_移$ 越大）。②对于任一已知其物性和孔隙结构的煤层，设煤块基本单元尺寸为 D（如 0.10～0.30cm），煤层压力为 P（如 10MPa），温度为 T（如 60℃）。根据煤矿瓦斯在煤块中运移速度的理论可求出一定时间内（如 10～15 年），基本单元中所含甲烷运移出 80%～90%时，割理压力 $P_割理$（开采前 $P_割理=P_煤层$）需要降低到的数值。③由于我国中高阶煤层煤块基本单元尺寸很小（0.10～0.30cm），所以 $P_煤层-P_割理$ 一般较小，即 $P_割理$ 与 $P_煤层$ 相比不会下降很多，仍能保持较高的数值。

（2）如何把第二类煤层气的 $v_移$ 提高到 $v_移 \geqslant v_渗$ 的设想。

对于渗透率为 K，深度小于 2000m，压力为 P，含气量为 Q 的低渗、超低渗中高阶煤储层，假设气井的生产时间为 10～15 年，采收率为 60%～65%。可以设想对于任一煤层都存在一个低于煤层压力的割理压力 $P_割理$，它能使得煤层所有基本结构单元中 80%～90%的甲烷在 10～15 年内从基本结构单元运移到割理中，只要降低煤层割理内甲烷的气相压力使其达到 $P_割理$，就能保证煤层所有基本结构单元中的甲烷在 10～15 年内会源源不断成为游离气进入割理中，对割理中渗流入井而减少的甲烷进行补充（即 10～15 年内平均 $v_移 \geqslant v_渗$），在这 10～15 年内此煤层气藏可视为气藏压力为 $P_割理$，游离气含量为 0.8Q～0.9Q，气渗透率为 K，其他储层物性参数与该煤层相同的常规低渗、特低渗气藏或致密气藏，可用现有理论和技术设计该气藏的开采方式和开发方案并对其进行有效开发。

例如，对于深度 $h \leqslant 2000$m，气藏压力 $P_煤层$ 为 5～20MPa，渗透率 K 为 0.10～1.0mD，含气量 $Q \geqslant 15$m³/t，孔隙度为 5%的煤层气藏。若其 $P_割理$ 为 4～16MPa，则在这 10～15 年内此煤层气藏可视为游离气含量为 0.8Q～0.9Q 的、其他储层物性参数相同的常规低渗、超低渗气藏。对于深度 $h \leqslant 2000$m，气藏压力 $P_煤层$ 为 5～20MPa，渗透率 K 为 0.001～0.10mD，含气量 $Q \geqslant 15$m³/t，孔隙度为 5%的煤层气藏也一样。若其 $P_割理$ 为 4～16MPa，则在这 10～15 年内此煤层气藏可视为游离气含量为 0.8Q～

0.9Q（即≥12～13.55m³/t）的、其他储层物性相同的非常规致密气藏。

5）割理压力 $P_{割理}$ 的意义

$P_{割理}$ 是压力为 $P_{煤层}$ 的煤层在 10～15 年内，80%～90%的甲烷从煤层中参与产气的部分煤的所有基本单元中运移出来进入割理中成为游离气的割理内的气体压力。煤层气井为了能够投产并获得高的单井产量，应将 $P_{煤层}$ 降低到 $P_{割理}$，而不是临界解吸压力。

由于我国低渗、超低渗中高阶煤储层（第二类）割理密度高，基本单元尺寸小（0.10～0.30cm），煤层割理压力 $P_{煤层}$ 仅降低一点（例如降低 1～2MPa）就可到 $P_{割理}$。同时，若含气量 Q≥15m³/t，则移出的游离气含量（0.8Q～0.9Q）就可达到 12.0～13.5m³/t。再加上此类煤层渗透率为 0.10～1.0mD，所以按低渗、特低渗气藏开发经验来说，其气井直井产量可达 2000m³/d 以上，甚至 10000m³/d 以上（依开采方式不同而异）。

6）煤层气藏的产量保障压力 $P_{割理}$ 的求取法

$P_{割理}$ 是由煤层基质单元中甲烷运移出来成为游离气进入割理的规律与割理内游离气渗流入井形成产量的规律耦合优化得到，是煤层瓦斯移动动力学原理与气藏工程两个学科融合的结果。其求法如下：

（1）研究煤层基质单元中甲烷运移规律，建立其相关理论：通过甲烷在煤层基质单元孔隙中解吸、扩散的规律，建立起 $v_{移}$ 与单元煤块尺寸 D、煤块中压力 $P_{煤层}$、割理压力 $P_{割理}$、温度 T、含气量 Q、吸附量 Γ、解吸速度 $v_{解吸}$、孔隙直径 d、扩散速度 $v_{移}$、甲烷从煤层基本单元中逸出的比例及其对应逸出时间等因素之间的关系（物理模型与数学模型）。

（2）根据煤层的各种物性参数，特别是煤块中的压力 $P_{煤层}$ 和单元煤块尺寸 D，用上述物理模型与数学模型分别计算出甲烷从煤层基本单元中逸出时间为 10 年、15 年、20 年和甲烷气从煤层基本单元中逸出 60%、70%、80%、90%对应的割理压力 $P_{割理}$。

（3）用上述割理压力以及 0.6Q～0.9Q 的游离气含量，结合煤层渗透率等相关油层物理参数，按常规低渗、特低渗气藏的不同开采方式，

逐一计算所得各 $P_{割理}$ 对应的气井产量。

（4）以获得最大单井产量为目的对上述相关因素进行优化，得到煤层可以获得最大单井产量的割理压力 $P_{割理}$，以及应采用的开采方式和对应的气井产量。

7）如何将煤层压力 $P_{煤层}$ 降到 $P_{割理}$

若将煤层分割成尺寸为 D 的煤块（由若干基本单元构成，尺寸单位为米），且已知煤层压力 $P_{煤层}$（等于原始割理压力），渗透率 K，游离气含量 $0.10Q \sim 0.15Q$ 和温度 T 等物理参数及煤块外部压力为采气井井底压力 $P_{井}$。可以用渗流原理建立煤块内压力（原始割理压力）由 $P_{煤层}$ 降到 $P_{割理}$ 所需的时间 $t_{渗}$ 和煤块尺寸 D 的大小之间的关系（物理模型与数学模型）。然后再求出 $t_{渗}$ 为 $3 \sim 6$ 个月（排采降压时间）时对应的煤块尺寸 D。此时的 D 为体积压裂应把煤层切割成块的大小。煤切割成"块"是把煤层压力在短期内（$3 \sim 6$ 月）通过排采降压到 $P_{割理}$ 的必要手段，也是提高气井产量的必要手段。

由此，该煤层压力演变为 $P_{割理}$、储层物性仍为原煤层相关物性的低渗、超低渗气藏。可按低渗、超低渗气藏进行开采和开发，并决定该煤层开采方式。例如：①若孔隙直径 d 较小则可采用水平井分段体积压裂；②d 较大则可采用水平井＋压裂；③d 很大则可采用直井分层常规压裂。可由此决定该煤层开采的气井的单井产量（煤层割理压力降到 $P_{割理}$ 后的产量）。

根据上述过程及原理，对此类煤层气藏产气机理进行研究，并与传统煤层地质理论、方法相结合，攻关研究出这类煤层气藏勘探和评价的理论、方法与标准，建立起相应的地质甜点与工程甜点评价理论、方法与标准。此外，还需根据产气过程和机理找到适用于低渗、超低渗中高煤阶煤层气藏的开采、开发方式与技术，以及适用于这类煤层气储层的勘探开发理论与技术体系，进而实现对这类煤层气藏的有效开发。

3. 对于煤层共生致密砂岩气复合煤层气藏

在对复合煤层气藏进行建井多气合采方面，澳大利亚已经取得了成功。这表明他们用现有理论与技术进行有效开发，能够获得平均单井产量 10000~20000m³/d 的开发成果，足以形成年产 100 亿 m³ 级的大气田。我国也有多次成功的范例，从理论和生产实践上证明了与煤层共生致密砂岩气完全能够与煤层气同井共采。如果把新研究出来的适合这类煤层的煤层气开采理论和技术成果综合应用于多气合采的研究中，能使其单井产量进一步大幅度提高，使多气合采获得更大的成功，这意味着有建成数百亿立方米至千亿立方米级的煤层气大产业的可能性，将成为我国建成年产（数）千亿立方米级的煤层气大产业的重要保障。

4. 基本认识

从理论创新发展角度看，我国主要类型煤层气都具备有效开发的可能性。

（1）对适用于现有煤层气开发理论与技术的煤层气藏有单井高产的可能性。

（2）对于低渗、超低渗中高阶煤层气藏，需要综合煤矿瓦斯动力学、气藏工程及采气工程相关理论与方法，创新开发理论。

（3）国内外对煤层共生致密砂岩气的多气合采领域都已有成功的经验，这表明此类煤层气复合气藏有望实现有效开发。

4.3 技术创新驱动具备可能性

在取得技术进步的同时，学术界和工业界也在聚焦突破煤层气高效开发的关键技术瓶颈。此外，现有技术人才队伍和基地建设基础也将持续推动煤层气开发技术创新发展。

1. 技术更新换代，原创新技术研究逐渐成为共识

国内煤层气发展已经历了 30 余年，逐渐形成了煤层气开发系列技术，覆盖了我国多个煤层（系）气资源类型。概括起来包括以下五个方面：①产业老基地提产与挖潜方面，主要面向沁水盆地、鄂尔多斯盆地两大基地，形成了优质储层识别、二次改造、排采管控制度优化等系列增产技术；②深部煤层气勘探开发方面，形成了以煤层气赋存态认识突破为基础的深部煤层气优质储层识别和甜点区优选技术，以及优快钻完井、极限体积压裂、全周期一体化采气等多项深层煤层气技术；③煤层群煤层气共勘合采方面，建立了以合采地质条件兼容性评价为核心的开发层段优化或产层组优化设计技术方法，助力黔西等典型多煤层地区单井产气实现了普遍突破；④煤系多气综合开发方面，形成了以"微构造控气+分区分阶段开采"为核心的大宁-吉县模式和以"穿层体积压裂+排气降压+诱导接续排采管控"为核心的临兴模式；⑤构造煤储层煤层气有效开发，发展完善了以"间接压裂/跨层改造+L 形/U 形井分段压裂+采动井"为核心的适应性技术，在淮北、晋城、盘江、平顶山等矿区以及韩城区块得到应用推广。

最为重要的是，业内已深刻意识到"美国技术"对我国低渗透煤层气田的开发不具有普适性。对于本国的资源情况，要做到因地制宜，进行原创技术的研发，同时还应注意凝练科学问题、聚焦关键环节。尽管目前基础理论尚未建立，但建立的必要性、紧迫性已成共识。国内石油与煤炭行业已经形成合作的趋势，国内多个相关院所和高校也已从不同的方向开始进行基础研究和科学问题的凝练。相信只要能够获得国家足够的支持并坚持创新研究，此问题终会有所突破。

2. 技术人才和研发平台为技术创新提供了重要条件

煤层气特殊的开发原理决定了其与常规油气田管理模式不完全相同，对从事煤层气业务人员的素质有更高要求，无论是技术人员还是管理人员，都需要付出比在常规油气田工作更多的精力，要具备更高的专业素质和更丰富的管理经验。三十多年来，我国从事煤层气开发专业人员队伍为攻关形成原创新技术，提供了重要智力资源，进一步推动煤炭行业与石油行业学科融合，建立包括煤岩储层地球物理学、煤岩储层构造地质学、煤岩储层开发地质学、煤层气渗流力学、煤岩气藏工程学、煤层气钻完井工程学、煤层气压裂工程学、煤层气集输和利用工程学、煤与煤层气共采工程等多学科的煤层气学科（方向），将进一步培育煤层气产业发展所需的复合型人才。

此外，国家级层面的煤层气研究平台主要有三个，分别是"煤矿瓦斯治理国家工程研究中心""煤层气开发利用国家工程研究中心"和"煤与煤层气共采全国重点实验室"。两个国家工程研究中心在组建煤层气科技创新团队、汇聚煤层气优秀人才、储备煤层气关键技术和进行技术研发与技术服务方面均取得了有效建设成就；煤与煤层气共采全国重点实验室则主要是围绕煤与煤层气共采的重大科学技术问题，开展煤与煤层气共采应用基础和前瞻性关键技术研究，建立煤与煤层气高效共采技术体系。这些平台围绕关键核心技术突破、重大科技成果工程化和产业化应用，以服务国家重大战略任务和重点工程实施为目标，支撑解决"卡脖子"技术难题，是实现国家煤层气行业关键核心技术自主可控，提升产业链供应链现代化水平和推动经济高质量发展的有力保障。

4.4　经济要素驱动具备可能性

我国是煤炭生产大国，国内对煤资源的勘探程度很高，如加大勘探投入，探明率可大幅度提升。煤层气藏地层层序简单，开发区块普遍小于 1500m，地层压力低（8～10MPa），这也使得勘探开发的安全风险较低。2024 年 1 月 25 日，在国家能源局举行的新闻发布会上国家能源局综合司副司长、新闻发言人表示，2023 年，全国煤层气开发投资超过了 100 亿元，煤层气产量达到 117.7 亿 m^3，同比增长 20.5%，新建产能超过 30 亿 m^3/a，新增探明地质储量约 2900 亿 m^3，且煤层气产量约占国内天然气供应量的 5%，增量占比达到 18%，成为国内天然气供应的重要补充。

煤层气对钻完井要求相对简单，钻井成本相对较低，如果部署和工艺合理，效益将非常可观。例如韩城区块 WL1 井，井深 450m，建井成本不足 200 万元，2005 年投产，2010 年累计产气达 900 万 m^3。整体来说，对煤层气直井而言，若单井日产大于 2000m^3，其成本（钻、完、压、排采、地面）400 万～450 万元（现为 514 万元）则效益不低于国内页岩气效益（李景明，2010）；对煤层气水平井而言，若水平段长 1000m，平均日产大于 5000m^3，其成本（钻、完、压、排采、地面）小于 1000 万元（现为 1165 万元），则效益不低于国内页岩气的效益。此外，设计页岩气井平均日产 20000m^3，需要投资 5000 万～6000 万元；3500m 以浅页岩气藏，预计投资需要 5200 万元，3500m 以深页岩气藏需要 6000 万元（李思华，2011），相较于页岩气藏，煤层气更有利于形成"单井投资少、综合效益高"的生产模式。

另外，根据煤层气的生产特点，工程改造和排采措施可以有效建立煤层气解吸渗流通道使产气变得持续、稳定，且降压解吸容易形成整体降压和连片效益。例如，保德区块北部 4 口水平井，多年连续高强度排水，后期单井产量均突破 10000m^3，部分井达到 20000m^3，由于有效排水实现了面积降压，整个保德区块北部 1 单元产量得到了提高，带动了整个开发项目的高效发展。

4.5　"双碳"目标驱动具备可能性

4.5.1　甲烷减排因素驱动

"十四五"规划首次将 CH_4 排放写入五年规划，提出"加大 CH_4、氢氟碳化物、全氟化碳等其他温室气体控制力度"（朱松丽等，2020；刘虹等，2022）。

我国煤炭行业每年排放的 CH_4 大约 440 亿 m^3。但是由于煤矿生产过程中抽出的绝大部分煤层气浓度小于 30%，导致这 440 亿 m^3 煤层气可以利用而没有利用的大约有 260 亿 m^3，煤矿井下抽采率仅约 40%，大部分煤层气在煤炭生产过程中直接排空，导致煤层气整体利用率一直低于

50%（张千贵等，2022）。其中，井工开采是煤炭开采活动最大的 CH_4 排放源，其 CH_4 排放量约占煤炭 CH_4 排放量的 83%。根据国家温室气体清单数据，2019 年我国煤炭开采导致的 CH_4 排放量约 2000 万 t，2020 年全国煤层气（瓦斯）抽采 213 亿 m^3，仅利用 135 亿 m^3，仍有约 78 亿 m^3CH_4 排空，其中绝大部分来自矿井抽采低浓度瓦斯。

2011～2013 年，中国工程院实施"我国非常规天然气开发利用战略"重大咨询项目研究，曾对煤层气利用的能源替代碳减排效益做过系统测算。以地面井煤层气和矿井瓦斯 CH_4 浓度分别为 95%、40%作为测算基准，利用 1 亿 m^3 地面井或矿井抽采煤层气，代替原煤作为锅炉燃料，可节省原煤 16.3 万 t 或 6.9 万 t，标准煤 11.6 万 t 或 4.9 万 t；代替电力，分别节省电力 287000MW·h 或 121000MW·h。进一步而言，1 亿 m^3 地面煤层气代替煤炭发电，相当于减排 0.73 亿 m^3 或 14.35 万 t CO_2；1 亿 m^3 矿井抽采瓦斯煤层气代替煤炭发电，则减排 0.31 亿 m^3 或 6 万 t CO_2。可以看出，煤层气的开发利用有助于改善大气环境，减少温室气体的排放。

为实现"双碳"目标，煤炭生产过程中产生的瓦斯要全部回收，实现零排放。这部分瓦斯的回收和综合利用在国家油气重大专项中的长期攻关研究下已取得良好的成效，奠定了良好的基础继续攻关实现零排放是必然结果，如此可同时获得年产 300 亿～400 亿 m^3 的天然气。现有的地面建井开采技术也完全适用于关闭废弃矿井中的 5000 亿 m^3 煤层气（瓦斯）资源开采情况，并可获得高产气井，建成其总规模为 100 亿 m^3 级的大产业。

4.5.2 绿色发展因素驱动

从外部条件看，《巴黎协定》和《2030 年可持续发展议程》为全球加速低碳发展进程和发展清洁能源明确了目标和时间表（傅莎和李俊峰，2016）。从国内形势看，我国加快推动能源生产和消费革命，新型城镇化进程不断提速，油气体制改革持续推进，政府对环境保护的重视度日益提高，国家大力推动大气和水污染防治工作，对清洁能源的需求将进一步增加，所以煤层气产业迎来了新的发展机遇。煤层气作为一种非常规天然气，主要成分是甲烷，导致的温室效应是二氧化碳的 20 多倍，其地面开发具有占地面积小，建井和生产过程对环境污染小的特点，利用丛式井组作业还可以进一步减小单井占地面积。此外，其钻井和压裂的过程相对简单，压裂采用的活性水、滑溜水等体系成分易处理，整体开发方式符合当前绿色低碳环保要求，对减少温室气体的排放、改善大气环境具有重要意义，也避免了因采煤造成的煤层气资源浪费。同时，针对已建矿井、待建矿井和规划矿井，通过地面开发、井下抽采、地面井下联合抽采等不同煤层气开发方式，切实落实先采气后采煤，采煤采气一体化的开发方案，以更加严格的经济政策和环境措施抑制瓦斯排空和资源量的浪费也是尤为重要的。

在经济增速换挡、资源环境约束趋紧的新常态下，能源绿色转型要求日益迫切，能源结构调整进入油气替代煤炭、非化石能源替代化石能源的更替期，因此还应大力提高煤层气等非常规天然气的消费比例进而优化和调整能源结构，加快其相关产业发展，提高其在一次能源消费中的比例，这是我国加快建设清洁低碳、安全高效的现代能源体系的必由之路，也是化解环境约束、改善大气质量，实现绿色低碳发展的有效途径。

此外，我国煤炭行业前期采煤形成了数量多、面积大的采空区，去产能和去库存工作的推进也导致大量煤矿中途关停，遗弃了大量的煤炭和煤层气资源，所以关闭（产能退出）矿井煤层气资源开发潜力巨大，开展关闭（产能退出）矿井瓦斯抽采工作，对于实现资源综合利用和消除关停矿井瓦斯风险都具有重要意义。

4.6 产业政策支撑具备可能性

为促进我国煤层气产业的发展，国务院办公厅先后印发了《关于加快煤层气（煤矿瓦斯）抽采利用的若干意见》（国办发〔2006〕47 号）和《关于进一步加快煤层气（煤矿瓦斯）抽采利用的意见》（国办发〔2013〕93 号），是我国煤层气产业政策的纲领性文件。我国有关部门在落实以上文件的精神后，相继出台了一系列具体的扶持政策，涉及税收、煤层气价格、财政补贴、资源管理、矿权保护和对外合作权等方面，这对促进我国煤层气产业的发展起到了重要的推动作用。为响应国家政策，作为煤炭资源大省的山西已将煤层气产业列为战略性新兴产业，新疆、贵州等地近年来也相继出台有关煤层气的政策措施，鼓励和扶持煤层气产业的发展。

2024 年 1 月 25 日，国家能源局综合司有关人员在新闻发布会上表示，中央财政将继续安排资金支持煤层气等非常规天然气开发利用，持续实施增值税先征后返、所得税优惠税率等优惠政策，将进一步完善矿权管理，简化油气资源综合勘查开采程序，支持煤层气与其他矿产资源兼探兼采。国家能源局将认真贯彻落实党中央、国务院决策部署，立足能源安全保供和绿色低碳转型大局，多措并举推动煤层气增储上产，会同有关方面狠抓政策落实，在矿权、用地、财政补贴、金融贷款等方面对产业发展给予有力支持。

全面攻克各种难关从而实现我国各类煤层气的全面有效开发、形成煤层气（数）千亿立方米级的大产业是我国社会和经济发展必须解决的重大问题。构建科学、合理、可行的煤层气发展战略与高效勘探、有效开发煤层气的理论技术体系是一个庞大的系统工程，难度系数很高，但相信只要有国家出面组织，充分发挥我国市场经济条件，调动全国相关方面的优势力量进行攻关，就有解决的可能。

4.7　发展风险与防范对策

4.7.1　发展风险

发展新兴煤层气大产业，为社会提供新的产业生态，增加相关领域就业岗位；为国民经济发展提供优质清洁天然气资源，没有负面影响；能够补充传统天然气能源的需求增量缺口，有利于煤炭行业和石油行业的融合革新；高效利用煤层气资源，可以大大降低甲烷排放，助力"双碳"目标的高质量达成。当然，也存在经过 5～10 年的努力，不能形成可以有效开发我国各类煤层气藏的理论与开发原创技术，进而不能形成煤层气大产业的风险。

（1）资源勘查理论与技术创新不足，资源探明储量不足。目前资源探明率仅有 2.5%，没有足够的探明储量，难以有效实现产能建设，下一步如何加大勘探投入，良性有序实现资源的探明是最为急需也是最重要的环节。

（2）开发理论与技术未实现原始创新，产能建设速度不够和到位率不足。地面开采方式下，按照目前的产能建设态势，如果每年探明储量 1000 亿 m³，可建产能约 40 亿 m³，需要 2～3 年完成，产能到位率按照 100% 计算，稳产 3 年；2027 年可达到 200 亿 m³ 产量；2036 年形成约 400 亿 m³ 最高产量。

4.7.2　防范对策

（1）以国家重大科技计划为抓手，打造煤层气领域的国家战略科技力量。持续推进中央和地方重大科技计划，在现有国家级研究机构基础上，整合国家"双一流"建设高校，重点行业企业的力量，形成煤层气新学科体系为支撑的煤层气原始创新国家队。

（2）建立利益与风险动态调控体制，动员社会各类资源要素助推煤层气产业发展。打破行业、地区、学科壁垒，构建新的资源调配机制，根据煤层气资源类别和开发模式，分类引导动员社会资源（特别是民间资本）进入煤层气勘探开发领域。

第 5 章 煤层气新兴大产业的发展战略和实施路径研究

5.1 战略目标与发展设想

5.1.1 战略目标设想

全面建成社会主义现代化强国,总的战略安排是分两步走:从 2020 年到 2035 年基本实现社会主义现代化;从 2035 年到本世纪中叶把我国建成富强民主文明和谐美丽的社会主义现代化强国。立足国家经济社会发展的总体形势,特别是"双碳"目标的实现和国家油气能源的安全,将我国煤层气形成新兴大产业的发展战略目标分为两个目标逐步推进落实。

1. 近期目标

从 2020 年地面建井开采年产量 57.67 亿 m^3,经 10 年左右发展形成年产千亿立方米级天然气大产业(含井下瓦斯抽采的煤层气以及煤系致密砂岩气产量)。

2. 中长期目标

在近期目标实现的基础上,再过 10~15 年,年产量增加到 2000 亿 m^3 以上,其中地面建井开采年产量约 1500 亿~2000 亿 m^3,瓦斯零排放回收利用量每年约 400 亿 m^3;力争与常规天然气和页岩气等共同发展,实现我国天然气自给自足。

5.1.2 战略发展设想

在对国内外煤层气发展现状、趋势的对比分析基础上,围绕上述战略目标，提出我国煤层气发展战略。

我国煤层气发展战略的总体表述是"煤层气新兴大产业是指以煤层气、与煤层共生的致密砂岩复合气、煤炭生产过程中的瓦斯为主要资源基础，以多学科融合攻关建立的原创理论与技术为支撑，建成的年产量达千亿方级的大产业"。

实现战略目标的关键环节包括如下七个方面。

第一，重新构建煤层气田有效开发理论体系。加强基础研究，从头建立适用于煤岩储层组成、孔隙结构特征、煤层物性和甲烷赋存状态等特性的煤岩气藏有效开发的理论体系。

第二，攻关形成煤层气田有效开发技术系列。基于新创立的煤岩气藏有效开发理论，攻关建立适用于各类煤岩气藏的有效开发技术，形成煤层气田有效开发技术系列。

第三，加强建设现有的煤层气生产基地。这些生产基地的重要作用在于为创新研制的各类煤岩气藏有效开发技术提供现场试验基地，实现技术的试验、验证、改进、完善、推广和全面应用。

第四，建立不同煤岩气藏经营模式。关键在于建立与不同类型煤岩气藏有效开发模式相适应的生产、经营和管理模式。

第五，重新构建煤层气高效勘探与有效开发理论和技术体系。将创建的"各类煤岩气藏有效开发的理论与技术体系"与"煤岩气藏地质勘探理论技术"有机融合，形成煤岩气田高效勘探及有效开发理论与技术体系。

第六，重新锚定煤层气产业定位并纳入国家天然气发展规划。基于所创建的"煤岩气田高效勘探及有效开发理论与技术体系"，将建立千亿立方米级煤层气大产业纳入我国天然气发展规划，做好煤层气大产业顶层设计，并编制实施方案，逐步有序、全面配套实施。

第七，将煤矿瓦斯（近）零排放与综合利用纳入煤层气大产业范畴。研究建立煤炭生产过程中瓦斯（近）零排放、全回收、综合应用的理论与技术体系，并将其全面纳入我国建立千亿立方米级煤层气大产业范畴，进而一并纳入我国天然气发展规划并分步实施，确保将煤层气完全转变成有效利用的天然气。

5.2　规划方式与实施路径

5.2.1　将煤层气大产业纳入国家能源战略规划

1. 将煤层气大产业纳入国家能源战略规划意义重大

为保障我国油气能源安全，需要加强天然气供应保障。我国天然气需求增长强劲，2050 年需求量将达到 6500 亿～7000 亿 m^3（邹才能等，2018b）。中国石油经济技术研究院发布的《2050 年世界与中国能源展望（2019 年版）》预测，"2035 年中国天然气需求达 6100 亿 m^3，届时国内产量约为 3000 亿 m^3，将有超过一半依赖进口"。BP 公司 2021 年发布的报告预测，我国天然气对外依存度今后 15 年仍将持续增长，2035 年左右达到 55%高峰，即使到 2050 年仍有 50%左右（BP，2021）。国家能源局在《中国天然气发展报告（2021）》中明确指出，强化能源安全底线思维，加强天然气供应保障，更好应对复杂多变的国际地缘政治形势、极端气候频发以及国际大宗商品市场剧烈波动。

我国煤层气具有资源和开发潜力，应当成为天然气供应保障的重要战略力量。根据国家能源局煤炭司在 2022 年初发表的数据，经过多轮资源评价，全国煤层气预测资源量约 26 万亿 m^3，其中，已累计探明地质储量 8039 亿 m^3。近年来煤层气勘探在新领域新层系取得重要突破，鄂尔多斯盆地东缘综合探明煤系地层多种气源，在新疆准噶尔盆地东南缘、内蒙古二连、海拉尔等新区勘探发现了千亿立方米资源量的大型有利区带。为此，行业及相关主管部门都对煤层气产业寄予了厚望，全国煤层气规划目标产量由"十一五"的 100 亿 m^3，提升至"十二五"的 300 亿 m^3（地面开发、煤矿瓦斯抽采量分别为 160 亿 m^3、140 亿 m^3），"十三五"的目标数字虽然下调至 240 亿 m^3，但仍然大幅高于"十二五"末期煤层气 180 亿 m^3 的实际产量。2022 年 6 月 25 日央视报道全国最大煤层气田在山西建成（图 5-1）。

图 5-1　央视报道全国最大煤层气田在山西建成

煤层气产量屡交"低分"答卷，煤层气开发利用目标回调。煤层气产业的发展历程和现实困境，导致行业和主管部门对煤层气开发利用预期明显下调。继"十一五""十二五"任务未达标后，"十三五"规划目标再度落空。2021 年，《中国能源报》有报道称，"一个被托付了厚望的产业似乎连生存都是个问题，为其制定的'虚高'产量目标充满了'揠苗助长'的味道"。在规划"十四五"能源发展中，国家能源局统筹煤层气开发和煤矿瓦斯综合治理，组织有关地区和重点企业研究编制了《煤层气（煤矿瓦斯）开发利用方案》，提出 2025 年全国煤层气开发利用量达到 100 亿 m³ 的发展目标。这就意味着煤层气的开发利用量计划重回"十一五"规划的目标。

因此，为了国家能源长期安全，需重新制定煤层气产业发展战略。国家能源局公布的《"十四五"现代能源体系规划》中明确指出："积极扩大非常规资源勘探开发，加快页岩油、页岩气、煤层气开发力度""天然气产量快速增长，力争 2025 年达到 2300 亿 m³ 以上"。目前煤层气产量对天然气产量的贡献率仅为 4.3%。较其他的非常规天然气资源，煤层气是资源量大、可靠程度高的非常规天然气资源，且煤层气还具有稳产期长、综合效益好等优势，因此煤层气应该而且必须在国家能源安全中承担更重要的责任。笔者认为，我国煤层气具备形成年产千亿立方米级大产业的前景，对天然气产量的贡献率有望达到 30%。为了保障我国能源的长期安全，急需从国家规划层面对煤层气产业进行重新定位，通过基础理论和技术的原始创新，探索出符合我国煤层气资源特点和经济社会发展需要的煤层气有效开发新途径。

2. 构建煤层气大产业时间紧迫，涉及多学科、多部门协调，需要中央政府统领全局

建立煤层气大产业是实现我国 2035 年、2050 年发展目标的需要。党的二十大报告指出：必须完整、准确、全面贯彻新发展理念，坚持社会主义市场经济改革方向，坚持高水平对外开放，加快构建以国内大循环为主体、国内国际双循环相互促进的新发展格局；立足我国能源资源禀赋，坚持先立后破，有计划分步骤实施碳达峰行动。

建立煤层气大产业涉及多学科、多部门协调。煤层气新兴大产业从资源勘查、储量评价到气藏开发，从瓦斯零排放到高效利用，涉及石油与天然气工程、采矿工程、环境科学与工程等多个学科联合攻关，需要科技界、企业界、教育界、金融界等的深度参与，涉及国家发展和改革委员会、自然资源部、科学技术部、生态环境部、财政部等多部门协调。

总之，由煤层气勘探开发原创的理论与技术支撑形成一个煤层气新兴大产业，意义重大、时间紧迫、涉及面广，必须发挥我国的制度优势和动员能力，发挥国家能源委员会等国务院议事协调机构的战略决策和统筹协调作用。

5.2.2 做好煤层气新兴大产业发展战略实施路径的顶层设计

1. 必要性

借鉴国外煤层气开发技术和产业政策，我国煤层气地面开发已经走过了 30 多年的历程，既取得了显著成绩，也遭遇了不少挫折。实践证明 30 多年来的煤层气产业发展路径，不能实现资源高效勘探和有效开发，必须进行发展路径的探索创新。"由煤层气勘探开发原创的理论与技术支撑形成一个煤层气新兴大产业"的发展战略，需要自上而下，全国一盘棋统筹规划，有序分类实施。

2. 技术路线

1）煤炭生产过程中瓦斯零排放和全部利用

我国煤矿井下瓦斯抽采利用率低，大量瓦斯资源被浪费。据我国煤矿瓦斯抽采利用统计，2020 年我国煤层气总量约为 204 亿 m^3，其中井下抽采量为 146 亿 m^3，约占总量的 71.57%。煤层气利用量为 102.3 亿 m^3，其中地面钻采煤层气利用率可达 90% 以上，但井下抽采煤层气利用率仅为 40% 左右（图 5-2）。

煤矿瓦斯利用率低的原因是浓度为 5%～16% 的瓦斯处于爆炸浓度范围，而井下抽采煤层气中低浓度瓦斯（浓度小于 30%）占比一半以上，直接利用安全风险大，先浓缩再利用成本高，导致我国井下抽采瓦斯利用率一直处于 40% 左右的水平。实现煤炭生产过程中瓦斯零排放和全部利用需要大力发展全浓度瓦斯利用技术，尤其是低浓度瓦斯直接燃烧利用技术。所谓"全浓度瓦斯利用"是根据煤矿瓦斯浓度范围，将多种技术有机结合（表 5-1），利用全浓度范围煤矿瓦斯，实现煤矿抽采瓦斯零排放。

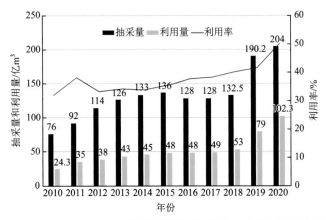

图 5-2　2010～2020 年我国煤层气抽采量、利用量和利用率

表 5-1　瓦斯全浓度利用技术

浓度范围	利用技术
大于 30%	瓦斯发电燃料和原料
9%～30%	浓缩提纯内燃机发电
3%～9%	直接燃烧
小于 3%	蓄热氧化技术乏风氧化技术

2）不同类型煤岩气藏的地面开发

我国不同类型煤岩气藏的地面开发技术路线如图 5-3 所示。总体路线是组织多个相关学科和部门建立"煤岩气田高效勘探、有效开发理论与技术体系"，有序开展我国各类煤岩气藏勘探与开发工作。

具体可以分解为以下关键步骤：

（1）产学研用紧密结合，培养各类人才，组建和加强研究队伍。

（2）从理论上证实各类煤岩气藏的可开发性。

（3）以现有煤层气生产基地为基础，建设不同类型煤岩气藏的煤层气有效开发试验区，研究、试验、补充、提高、完善新理论和新技术，并建立适用各类煤层气有效开发的技术体系。

（4）以新建立的"煤岩气田高效勘探、有效开发理论与技术体系"为基础，研究建立"煤岩气藏勘探评价理论与技术体系"，对全国煤层气资源进行新的评价与分类。

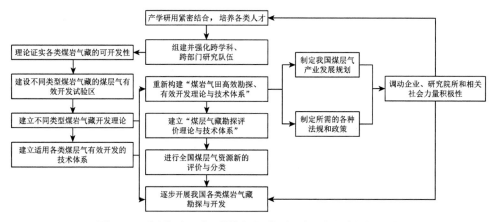

图 5-3　我国不同类型煤岩气藏地面开发的技术路线

（5）制定我国煤层气产业发展规划，制定所需的各种法规和政策，以调动企业、研究院所和相关社会力量参与煤层气行业的积极性。

（6）组织动员相关力量，逐步开展我国各类煤岩气藏勘探与开发工作，保证规划顺利执行和战略目标的成功实现。

5.2.3　再次将我国煤层气勘探和开发列为国家科技重点攻关研究领域

从 2007 年开始实施的国家重大科技专项，设置了 10 个技术研发项目和 6 个示范工程项目，针对当前遇到的勘探、钻井、完井、排采、地面集输、采煤采气一体化等技术难题开展攻关，取得显著成效。然而，这些项目绝大多数集中在沁水盆地南部和鄂尔多斯盆地东部，对我国多变的地质条件代表性和示范性有限，构造煤、多煤层、低阶级、深部等的煤层气开发技术需要攻关。在基础研究方面，符合我国地质条件实际的煤层气勘探、开发理论有待进一步深化。在技术水平方面，勘探、开发、利用的各技术环节和设备配套上存在着不少短板，自主创新能力亟待加强。

因此，国家有关部门有必要再次将我国煤层气高效勘探、有效开发列为国家重点攻关研究领域。

组织相关学科专家做好煤层气有效开发理论与技术研究的顶层设计和各级研究指南,持续设立研究项目和示范工程。围绕上述四类煤岩气藏高效勘探、有效开发持续设立研究项目,在技术理论和基地建设方面进行研究和示范。

组织好国内煤炭、石油等相关领域的研究单位及研究队伍,深入融合煤矿瓦斯与天然气开发学科,组建好各类型产学研用的多学科研究团队。在现有的学科方向基础上,面向"煤层气勘探开发原创的理论与技术"研究需求,融合形成新的煤层气勘探开发学科方向。

5.2.4　重新建立适用于各类煤岩气藏勘探开发的理论与技术体系

结合国内外煤层气勘探开发的经验和教训,重新建立适用于各类煤岩气藏勘探开发理论与技术体系,包含以下三个层次。

首先,组织煤炭开采、煤矿瓦斯安全、气藏开发等学科的专家,组建多学科研究团队,从理论上证实各类煤岩气藏均可有效开发。

然后,上述多学科研究团队,全面准确凝练出实现煤层气有效开发必须解决的理论基础和科学问题,并针对这些理论基础和科学问题展开研究,得出相应的新理论和新方法。以新理论和新方法为基础,结合国内外相关理论与技术,形成适合于我国各类煤岩气藏开发的原创性理论和技术,拓展一个新的技术领域,开辟一个学科方向。

进而,基于新建的煤岩气田有效开发理论和技术体系与煤田地质相结合,分别建立适用于不同煤岩气藏的具有针对性的"煤岩气田勘探评价理论与技术体系",为对全国煤层气资源新一轮的评价与分类提供可靠的理论依据。

5.2.5　重新对全国煤层气资源进行评价与分类

基于新建的"煤岩气田勘探评价理论与技术体系",对全国煤层气资源进行新的评价与分类。总体来讲，煤层气资源新的评价与分类，需要把握以下两个方面。

一方面把握煤岩作为化石能源地质载体具有双重属性。所谓双重属性，一是煤层固态有机质本身，即煤炭；二是煤岩层中赋存的天然气，即煤层气。煤层气资源储量地质控制程度的高低，取决于对煤岩储层双重属性的地质认识，包括煤层气地质载体（煤岩储层本身）、煤岩储层含气性、煤层气可采性三个方面。

另一方面是把握煤层气资源可采性评价的三个"甜点"。早期资源评价采用解吸法，以解吸率表征煤层气可采性。随后引入类比法、数值模拟法、等温吸附法、产量递减法、损失分析法等，前四种方法被我国现行地矿行业标准规定为获取煤层气采收率指标的可选方法。其中，解吸法、类比法、等温吸附法具有预测性质，数值模拟法和产量递减法更为接近开采实际。新建立的"煤岩气田勘探评价理论与技术体系"不仅要吸收煤田地质的相关方法，还要将地质-工程-开发相结合，开展从资源量—气藏可采储量—可采储量到气藏产能的"地质甜点 + 工程甜点 + 产能甜点"的煤层气资源可采性评价。

5.2.6　构建不同类型煤岩气藏的有效开发模式

重新定义煤岩气藏类型，按资源特点、开采机理、开发技术，将煤岩气藏分为以下四类。

第一类：采用现有理论技术可以有效开发的煤岩气藏。

第二类：采用现有理论技术不能有效开采的低渗、超低渗中/高阶煤岩气藏。

第三类：低渗、超低渗中/高阶煤岩气藏及与其叠合共生的致密砂岩气藏所形成的同井合采的复合气藏。

第四类：实现采煤工程瓦斯（近）零排放、回收综合利用的煤层气。

针对上述四类煤岩气藏，下面分别论述其有效开发模式。

1. 采用现有理论与技术可以有效开发的煤岩气藏

1）开发特征

直井产量大于 $2000m^3/d$ 特别是大于 $10000m^3/d$，排采时间小于 6 个月，可用现有理论与技术有效开采。

2）可能的特征

分析国内外煤层气开发情况，发现此类煤岩气藏一般具有如下特征：

（1）高压、高渗、基质孔隙大（＞100nm）、割理密度高的低阶煤藏。

（2）以煤岩为储层的高压、高渗、高游离气含量的深部煤岩气藏。

3）可能的开发规模和预判依据

此类煤岩气藏可以少井、高产模式实现有效开发，有望建成单井年产量达数十亿立方米甚至上百亿立方米的大气田，全国的开发规模预计为 500 亿～1000 亿 m^3/a。

做出以上预判的依据来源于以下两个方面。

（1）美国有成功实践的实例。美国 1500m 以浅煤层气资源的 10% 属于此类煤层气藏（如圣胡安盆地的高渗透煤岩气藏），其资源量约为 12.2 万亿 m^3。美国依靠这类煤岩气藏建成了最高年产 500 亿～600 亿 m^3 的规模（李登华等，2018）。

（2）我国满足开发条件的煤岩气藏煤层气资源量在 55 万亿 m^3 以上。除了与美国相似的高渗透煤岩气藏外，我国 2000m 以浅低阶煤的资源量约为 14.7 万亿 m^3，2000m 以深含气量高（游离气含量占 50%以上）且气层压力较高的深层煤层气资源量约为 40.47 万亿 m^3。

我国对此类煤岩气藏有效开发已有较好的技术基础，年产 500 亿～1000 亿 m^3 的可能性较大。

4）技术路线与工作要点

（1）研究建立现有理论与技术可以有效开发的煤岩气藏勘探理论、方法与评价体系。

（2）勘探、评价此类煤岩气藏，定量计算技术可采储量。

（3）立足近 30 多年的攻关成果，对此类煤岩气藏进行针对性的开发技术攻关研究，创新建立起可以有效开发此类气藏的技术体系，并对此类煤岩气藏逐一有效开发。

2. 采用现有理论技术不能有效开采的低渗、超低渗中/高阶煤岩气藏

1）开发特征

现有理论与技术条件下，此类煤岩气藏直井平均日产量很难超过 2000m³。排采见气时间长达 1～2 年。

2）可能的开发规模与预判依据

此类煤岩气藏一般埋藏较浅，可通过浅层、多井、低产、高效益的模式开发，全国有望形成年产 500 亿～800 亿 m³ 的开发规模。

做出以上开发规模预判的依据有以下两方面。

（1）资源量大，我国 2000m 以浅的中高阶煤层气资源量为 22.1 万亿 m³。

（2）虽然现有理论技术还不能完全有效开采此类低渗、超低渗中/高阶煤岩气藏，但已有实践取得重要突破。以中国石油华北油田在沁水盆地的高阶煤开发为例。"十三五"期间取得了四个方面的显著进步：一是新增储量动用率由"十二五"末的 10% 提高到"十三五"末期的 43%。二是单井日产量提高，直井日产气由 1330m³ 提高到 1630m³，提高了 23%；水平井日产气由 2510m³ 提高到 6060m³，提高了 141%。三是水平井单井投资降低，由 650 万元/口下降到 550 万元/口，下降了 15%。四是完全成本下降，由 1.66 元/m³ 下降到 1.36 元/m³，下降了 18%。"十四五"期间将继续攻关"以水平井多段改造方式为核心的配套开发技术"，2023 年，新投产近百口水平井平均产量超过 7000m³/d，单井日产量万立方米井的比例达到 46% 以上。综合全行业看，现有技术背景下，达到盈亏平衡的单井日产量已低到 1000m³，已有研究者做出 400 亿 m³/a 的规划。

3）技术路线与工作要点

（1）应用创建的"各类煤岩气藏有效开发理论与技术体系"，结合已有的开发经验针对性地创建适用于此类煤岩气藏高效勘探、有效开采的理论及其专用的系列配套技术。

（2）结合此类煤岩气藏产气机理，优化现有气藏开采、开发技术，引进新的技术，发挥此类煤岩气藏埋深浅、地层简单、压力低、钻完井要求相对简单的特点，研制出专用装备、管材、工具、材料等，并进一步优化钻完井技术，大幅降低钻完井成本，形成此类煤岩气藏低成本有效开发理论与技术体系。

（3）大幅提升单井产量，明显缩短排采见气时间，即直井日产量平均超过 2000m³，甚至 3000m³，压裂水平井日产量平均超过 7000m³，甚至 10000m³，排采见气时间小于半年。

按照以上路线，此类煤层气单井产量可实现翻倍，成本大幅下降，综合效益不低于或明显高于页岩气、致密气，对投资更具吸引力。由此，在此类低渗、超低渗中/高阶煤岩气藏形成单井产量虽不高，但极具效益的大型煤层气田，使之具有形成年产超过 500 亿～1000 亿 m³ 大产业的可能。

3. 建立"低渗、超低渗中/高阶煤岩气藏及与其叠合共生致密砂岩气藏所形成的同井合采的复合气藏"高效勘探、有效开发技术

1）开发特征

这种复合气藏资源量大、占比大、含气量大，可与第二类煤岩气藏进行多气合采，平均单井产量大幅提高，超过 10000m³/d。

2）可能的开发规模与预判依据

可能形成相对"少井高产"的气田，为建立起年产超过 500 亿～800 亿 m³ 的煤层气大气田提供重要支撑。

做出这个预判的依据有三点。

（1）此类复合气藏的资源量大。据中国地质调查局评估结果，全国

2000m 以浅煤层气、致密砂岩气和煤系页岩气资源量为 82 万亿 m³。

（2）澳大利亚依靠现有技术实现了在此类煤岩与致密砂岩复合气藏的有效开发，以 7311 口井建成 400 亿 m³/a 的煤层气产业。

（3）我国刚起步不久，已见好的苗头。在多个地区成功部署了深煤层-砂岩的合采井，获得了初始日产量接近 10 万～20 万 m³ 的效果。研究建立"煤岩与致密砂岩复合气藏高效勘探有效开发技术"，可进一步增加对此类煤层气储层有效开发的把握。

3）技术路线与工作要点

（1）在所形成低成本有效开发煤层气的理论与技术体系基础上，研究建立煤岩与致密砂岩复合气藏能否多层、多气同采，大幅提高单井产量的可能性及其评价方法与技术。

（2）探索并形成此类煤岩与致密砂岩复合气藏的开采方法、开发方式，揭示其开发机理，建立其有效开发技术。

（3）勘查评价找到此类煤岩与致密砂岩复合气藏的可产储量。

（4）应用研究建立的开采方法及开发技术，形成相对"少井高产"的煤岩气田，实现其产业化。

4. 完全采集地下采煤过程中排放的瓦斯

地面建井开采和煤炭生产过程中的瓦斯零排放回收利用，将共同构成我国千亿立方米级煤层气大产业可靠而稳定的来源。

1）煤炭采掘过程中的瓦斯收集利用

我国煤炭行业每年排放的甲烷约 440 亿 m³，其中可以利用而没有利用的约 260 亿 m³。为实现"双碳"目标要求，这部分甲烷应限制其排放，但目前对甲烷的收集、应用技术还未完成攻关。

聚焦瓦斯智能抽采、瓦斯抽采系统智能监控、低浓度瓦斯燃料电池发电、瓦斯全浓度综合利用技术体系等领域，加强基础研究和应用基础研究，推进技术迭代，攻关形成煤炭采掘过程中的瓦斯收集利用，不仅可以实现煤炭生产中的零排放，保证我国煤炭行业安全健康发展，还可以获得年产超过 400 亿 m^3 的煤层气。

2）高瓦斯废弃矿井的瓦斯开发利用

欧美国家是关闭/废弃矿井开发利用的先驱，也是废弃矿井开发利用技术最成熟的国家（袁亮等，2021）。英国、德国、美国开发利用废弃煤矿瓦斯项目近 40 项，年利用量达 4 亿 m^3。37 个项目通过热电联产为德国提供超过 175MW 的电能；美国各大煤炭盆地中，伊利诺伊州煤炭盆地最适于开展报废煤矿瓦斯的抽采利用项目，2013 年美国近 60%的报废煤矿瓦斯回收项目都位于该盆地（韩甲业，2013）。

根据中国工程院重点咨询项目"我国煤炭资源高效回收及节能战略研究"预测：2030 年我国废弃矿井数量将达到 15000 处（袁亮，2019）。矿井关闭或废弃后，约有 50%~70%的煤炭残留于井下，主要为采空区、开采扰动卸压区和原始未卸压区遗煤，遗煤或含瓦斯非煤储层中残留、聚集着大量瓦斯资源。据调查，目前关闭/废弃矿井中赋存煤层气（瓦斯）近 5000 亿 m^3（韩甲业和应中宝，2012）。

理论和实践表明，高瓦斯废弃矿井的瓦斯完全可以利用现有建井开采技术获得 $10000m^3/d$ 的气井产量。因此，需要建立可采煤层气的煤矿采空区、采动区、停采煤层的评价体系，勘查评价出可采煤层气的煤矿采空区、采动区、停采煤层，进而利用现有技术建成年产 150 亿 m^3（稳产 20 年）的煤层气大气田。

综上所述，按以上四类气藏做好攻关研究工作，认真落实和实现"煤层气勘探开发原始创新理论与技术支撑形成一个煤层气新兴大产业"的发展战略，就可能使我国极为丰富的煤层气资源实现有效开发，为我国建成年产 2000 亿~2500 亿 m^3 的煤层气大产业提供必要而有效的管理和技术支撑，为我国煤层气产业发展战略目标的实现打下坚实基础。

5. 规划用约 20 年时间实现年产超 2000 亿 m^3 煤层气的战略目标

按照"两步走"的战略规划，将煤层气新兴大产业的战略目标分解为近期目标和中长期目标。近期目标是从 2020 年产 57.67 亿 m³ 发展到形成年产千亿立方米级天然气大产业。此阶段将地面建井抽采煤层气和煤炭生产中瓦斯气体全浓度回收利用两部分并重。中长期目标是年产量增加到超过 2000 亿 m³，力争达到年产 2500 亿 m³，并与常规天然气、页岩气等协同发展，实现我国天然气自给自足，这一阶段以地面建井开采为主，煤炭生产过程中瓦斯零排放回收利用为辅。

两个阶段的攻关目标分解为以下节点。

（1）2025 年基本建立适用于各类煤岩气藏实现高效勘探、有效开发的理论与技术体系，在已有和新建的示范区形成年产 250 亿～300 亿 m³ 的产能；基本建立完全采集地下采煤过程中排放瓦斯的技术，每年获得 200 亿～250 亿 m³ 的煤层气。两项共形成 400 亿～550 亿 m³/a 的规模（较 2020 年新增超过 200 亿～300 亿 m³/a），并保持稳产。

（2）2025～2030 年推广已建立的适用于各类煤岩气藏实现高效勘探、有效开发的理论与技术体系，在各示范区与新建矿区内形成年产 500 亿～600 亿 m³ 的产能，基本建立完全采集地下采煤过程中排放瓦斯的技术，获得年产 400 亿 m³ 的煤层气。两项共形成 900 亿～1000 亿 m³/a 的规模，并保持稳产。

（3）2030～2035 年全面推广建立的适用于各类煤岩气藏实现高效勘探、有效开发的理论与技术体系，在各示范区及若干矿区内形成年产 1000 亿～1500 亿 m³ 的产能，全面应用"完全采集回收地下采煤过程中排放瓦斯的技术"，获得年产 400 亿 m³ 的煤层气。两项共形成 1400 亿～1900 亿 m³/a 的规模，并保持稳产。

（4）2035～2040 年全面推广建立的适用于各类煤岩气藏实现高效勘探、有效开发的理论与技术体系，在各示范区及若干矿区内形成年产 1500 亿～1800 亿 m³ 的产能，全面应用"完全采集回收地下采煤过程中排放瓦斯的技术"，获得年产 400 亿 m³ 的煤层气。两项共形成 1900 亿～2200 亿 m³/a 的规模，并保持稳产。

上述目标分解过程中考虑了高、低两种情景模式，如图 5-4 和图 5-5
所示。

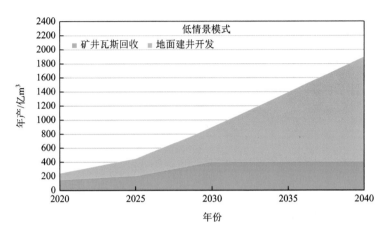

图 5-4　低情景模式下我国煤层气大产业的产量战略目标

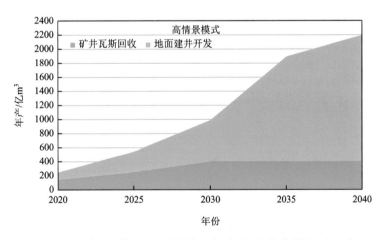

图 5-5　高情景模式下我国煤层气大产业的产量战略目标

5.2.7　充分利用煤层气开采的有利因素

1.利用现有煤层气生产基地的支撑功能

截至 2015 年，全国累计施工各类煤层气井 2 万余口，建成沁水盆地、
鄂尔多斯盆地东缘 2 个煤层气产业基地（张孙玄琦，2015），资源勘查和

开发试验拓展到川南黔西、新疆准南、安徽两淮等地区。建设好现有煤层气生产区（图 5-6），为各种煤层气开发新理论、新方法、新模式、新装备、新工具、新材料、新技术提供矿场先导试验和示范场所，为煤层气勘探开发人才的系统化专业化培养提供平台与基地。通过这些新技术、新方法来发展这些基地，使之成为煤层气大产业的基地。

图 5-6　煤层气开发国家示范工程潘河采气厂

国家层面从政策支持、矿权、税收、补贴、建设用地等，为煤层气产业基地和勘探开发试验提供了有力支持。清洁能源发展专项资金持续加大煤层气开发利用支持力度，煤层气适用资源税低税率优惠政策，煤层气开发项目列入煤炭清洁高效利用专项再贷款支持范围。连续三年安排煤矿安全改造中央预算内投资支持煤矿区煤层气地面预抽和关闭煤矿残存煤层气抽采。取消煤层气对外合作项目总体开发方案审批，煤层气开发项目均实行告知性备案在线办理。煤层气矿业权登记权限下放省级部门，全面实施竞争性出让和探采合一制度，退出约束机制不断完善。

山西省出台首部煤层气地方性规章《山西省煤层气勘查开采管理办法》，能源革命综合改革试点扎实推进。

上述措施，将有力支持煤层气生产基地建设。但是要在"约 20 年时间实现年产超 2000 亿 m^3 煤层气"，还需要在解决当前煤层气项目用地用林、环评、争议协调等问题基础上，持续加大对煤层气生产基地在人才培养、技术研发、行政审批、财税补贴等方面的支持力度。

2. 利用煤层气开采的经济有利条件

结合各类煤岩气藏产气机理，充分利用煤岩气藏埋深浅、地层简单、压力低、钻完井工程相对简单的特点，优化现有石油行业先进的钻井、完井、采气、压裂和提高采收率技术，则可大幅降低煤层气的建井成本，再结合煤层地质和工程特点，攻关研制出专用装备、管材和材料，可使其建井成本在现有水平上大幅下降。以降低钻井成本为例，适应于煤层气钻进的车载钻机的集成、制造技术乃至应用推广，是我国煤层气低成本钻井技术发展的重要方向。

在成倍提高单井产量的同时大幅降低煤层气井建井成本，加之煤层气具有稳产期长的优势，煤层气开发项目中的经济效益可以达到甚至超过页岩气开发项目的经济效益水平。

第6章 优化煤层气新兴大产业的支持政策

6.1 政策现状与主要存在问题

6.1.1 政策现状

为促进我国煤层气产业的发展，国务院办公厅先后印发了《关于加快煤层气（煤矿瓦斯）抽采利用的若干意见》（国办发〔2006〕47 号）和《关于进一步加快煤层气（煤矿瓦斯）抽采利用的意见》（国办发〔2013〕93 号）两份纲领性文件。有关部门在落实以上意见的精神后，相继出台了一系列涉及税收、煤层气价格、财政补贴、资源管理、矿权保护以及对外合作权等多方面的扶植政策，极大地推动了我国煤层气产业的进步与发展（表 6-1）。

表 6-1 我国煤层气主要产业政策一览表

政策	具体内容
价格政策	煤层气价格按市场经济原则，由供需双方协商确定，国家不限价（国办通〔1997〕8 号）
税收优惠	增值税：对煤层气抽采企业的增值税一般纳税人抽采销售煤层气实行增值税先征后退政策（财税〔2007〕16 号） 企业所得税：对中外合作开采煤层气的企业所得税实行二免三减半政策（财税字〔1996〕62 号），2008 年废止；煤层气（煤矿瓦斯）开发利用财政补贴，符合有关专项用途财政性资金企业所得税处理规定的，作为企业所得税不征税收入处理（国办发〔2013〕93 号） 关税：免征关税和进口环节增值税（财关税〔2011〕30 号、财关税〔2016〕45 号、财关税〔2021〕17 号、国发〔1997〕37 号） 煤层气抽采利用设备：加速折旧（财税〔2007〕16 号）
财政补贴	中央财政补贴：由 2007 年 0.2 元/m^3 提高到 2016 年 0.3 元/m^3；2019~2023 年实行多增多补，冬增冬补，阶梯补贴政策；地方财政适当补贴（财建〔2007〕114 号、财建〔2016〕31 号） 煤层气发电补贴：发 1kW·h 电补贴 0.25 元（发改价格〔2006〕7 号）

续表

政策	具体内容
资源管理	探矿权使用费、采矿权使用费、矿区使用费减免政策；山西省煤层气勘查开采管理办法地面抽采煤层气免征收资源税（财税〔2007〕16 号） 出让新设矿业权的，矿业权人应按《矿业权出让收益征收管理暂行办法》缴纳矿业权出让收益（财综〔2017〕35 号）
矿权保护	先抽后采，妥善解决煤炭、煤层气矿业权重叠问题（国土资发〔2007〕96 号）
对外合作权	对外合作开采煤层气资源由中联煤层气有限责任公司实施专营权（国务院令第 317 号） 对外合作开采煤层气资源由中联煤层气有限责任公司、国务院指定其他公司实施专营（国务院令第 506 号） 增加中石油、中石化、河南煤层气公司对外合作权（商资函〔2007〕94 号）

6.1.2 目前政策的主要局限

煤层气产业的扶持政策总体比较全面，对促进我国煤层气产业的发展起到了不可忽视的重要作用。但随着我国煤层气产业的进一步发展，由于人力资本的短缺、扶持政策的激励效应弱化、财政补贴力度不够、部分政策未完全落实到位、行政审批手续过于烦琐、探矿权获得成本过高等原因，煤层气开发总体成本高、投资及市场环境差、效益低，特别在天然气市场不稳定情况下，更是缺乏竞争性，制约着企业投资的积极性和煤层气行业的发展（徐凤银等，2021）。

6.2 支持政策优化方向

6.2.1 煤层气新兴大产业政策的总体优化思路和方向

（1）落实好已有产业政策，修改或取消不合理政策，优化产业相关配套政策措施。如将增值税政策改为"即征即返"或"免征增值税"；财政补贴作为不征税收入处理，取消前提条件；修改财综〔2017〕35号文（2023 年已废止），吸引更多有技术实力、资金实力的公司参与煤层气产业；制定多种、灵活的土地政策，并明确规定租地费用总和不高于征地费用（任辉等，2018）。

（2）梳理目前已有政策，建立科学有效的煤层气产业政策绩效评估体系，从多维度评估目前产业政策的质量、成效和服务质量，提出改进建议（图6-1）。

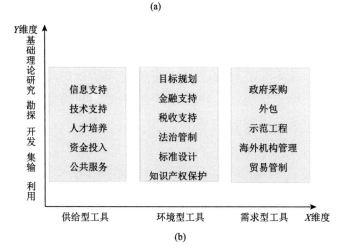

图 6-1　产业政策评估体系

（3）研究制定现阶段提出的煤层气新兴大产业的激励政策，准确定位影响煤层气新兴大产业形成的主要矛盾，针对性、系统性制定相应扶持政策。

6.2.2　我国煤层气新兴大产业支持政策的优化路径

第一，持续实施国家科技重大专项计划，助推煤层气大产业尽快形成。建议改变单纯以技术创新为目标的传统思维，采用"基地建设 + 关键技术"组织思路，以单井产量倍增为核心，发展适应性低成本高效勘探开发技术为目标，依托产业骨干支撑企业，联合具有前期研究积累深厚的科研机构、高校和企业，以"五率"（资源动用率、单井提升率、有效建产率、产能达成率、产量提升率）为约束或考核指标，以"示范工程 + 先导试验"为主要实施方式，针对煤矿井下瓦斯低成本高效抽采、老区煤层气井改造与增储提产、深部煤系气优质储层评价与开发、薄互层煤系气勘探与有序开发、煤炭地下气化-煤系气多气合采、煤层气微生物开发、碳捕集、利用与封存等方向组织实施煤层（系）气国家科技重大专项，攻克相关方向技术难题，突破适应性技术瓶颈，形成我国煤层（系）气大产业有效开发的关键工艺技术体系。

第二，先行先试煤系气矿业权合一，激励煤层（系）气潜力充分释放。自然资源部咨询中心专家认为，煤系构成一个相对独立的地下天然气聚集体系，符合以往以赋存地层特点设立独立矿种的自然条件。重要的是，煤系气潜力充分释放事关有效开发形成大产业的国家重大需求，而我国目前面临煤系多类天然气矿业权分置而阻碍产业规模性发展困局。面向这一政策困局，建议充分利用国家油气矿业权改革及管理层级下移契机，重点面向煤系气综合勘查开发需求，试行煤系多气矿业权合一管理制度，即将所有赋存在煤系地层中的天然气统一为一个独立矿种，在少量公益性勘查与资源潜力评估或者原有矿业权区块整合梳理基础上，规划和投放部分煤系气综合矿业权区块，同时享受国家现行及今后可能出台的非常规天然气财税优惠激励政策。

第三，理顺产业体制与机制，推进煤炭与煤层气协同有序开发，走气煤一体化之路是当前大幅提高我国煤层气单井产量、大幅提高我国井下瓦斯抽排效果和利用率的关键途径之一。煤层气与煤炭相互伴生、相互促进的关系，决定了煤层气产业体制与机制要与常规油气和煤炭产业不同。结合我国目前能源行业实际情况，国家层面应协调理顺煤炭与煤层气产业的关系，应对煤层气、煤炭开发进行统一规划，出台政策解决现有煤炭矿业权和煤层气矿业权重叠的问题，鼓励和引导煤层气与煤炭企业在以往"晋城模式""三交模式""潞安模式""阳煤模式"的基础上，探索形成深度融合、完全协同有序开发煤炭和煤层气资源的新兴气煤一体化开采模式。建议国家尽快出台气煤一体化开采规则和配套优惠政策，大力支持建设一批气煤一体化开采试点工程。

第四，建立、完善煤层气产业投融资政策，打通民企、国企等加入煤层气大产业的障碍，为煤层气勘探开发提供相对宽松、优惠的融资政策。推广"招拍挂方式出让煤层气、煤系气矿业权"机制，依据资源赋存状况的差异，对投标人的国别资产作针对性的要求，放宽对投标人的单位性质、资质等要求，大幅降低矿业权出让费，吸引多元化资本进入产业。拓宽企业融资渠道，放宽融资条件，制定矿权作为股权的投融资政策，给予资金提供方税收优惠，拉动矿权主体外部资本进入煤层气市场。完善和建立金融机构为煤层气项目提供授信支持和金融服务的优惠政策，完善和建立煤层气企业发行债券、上市融资的支持政策，使煤层气开发能够获得较低的融资成本。

第五，创新矿权管理模式，拓宽煤层气矿权范围，国家层面做完基础的勘查评价后，投放一批新的煤层气矿权。我国煤层气资源评价面积大，但矿权面积非常小，勘探开发范围主要局限在沁水盆地和鄂尔多斯盆地的浅部，甜点区大多已完成产建工作，急需新区、新层位的勘探突破，扩大煤层气矿权范围是支撑、促进产业进一步发展的必要条件，尤其是在当前深部煤层气开发技术取得进展的情况下，国家应加快投放一批深部煤层气区块，加快深部煤层气的勘探与开发。

第六，研究调整财政补贴办法，政策发挥时间前置，并贯穿产业链全过程。目前以产量、利用量为落脚点进行补贴的财政补贴政策，存在诸多弊端。有必要研究调整财政补贴办法，更好地发挥政策激励作用。①建议设立国家层面的勘探补贴或设立国家层面的勘探资金，将政策发挥作用的时间提前。通过设立国家层面的勘探补贴或勘探资金，缓解企业前期投资的资金压力，带动企业积极勘探。②对于规模开发的项目，给予一定比例的开发资金支持，相当于提前享受到财政补贴政策，缓解企业建产期间的资金压力，促进产建项目提速。③建议研究设立煤层气产业链上技术服务商和设备、物资供应商的直接优惠政策，刺激和鼓励技术进步，带动行业发展。

第七，研究提高瓦斯排放标准，严格限制排放直到禁止排放，引导利用直至完全利用。我国现有《煤层气（煤矿瓦斯）排放标准（暂行）》（GB 21522—2008）规定：自 2008 年 7 月 1 日起，新建矿井甲烷浓度超过 30%及煤层气地面开发系统禁止排放；自 2010 年 1 月 1 日起，现有矿井甲烷浓度超过 30%及煤层气地面开发系统禁止排放。由此可见，我国现有标准只对甲烷浓度超过 30%的瓦斯进行了规定，浓度低于 30%的未做要求，导致大量低浓度瓦斯被直接排空，造成环境污染和资源浪费。建议对低浓度瓦斯的收集和利用技术进行攻关，根据攻关成果，逐步提高排放标准，逐步做到煤炭生产中的瓦斯零排放；同时，在享受现有优惠政策的基础上（发 1kW·h 电补贴 0.25 元），根据利用成本的不同制定差异化的激励政策，引导、促进企业进行低浓度瓦斯的收集、利用，实现产量的大幅提升。

第八，比照煤层气产业政策，制定废弃矿井的瓦斯抽采扶持政策。我国"十二五"期间关闭煤矿井 7800 处，预计到 2030 年关闭煤矿井将到达 1.5 万处，关闭煤矿井仍赋存着巨量的可利用资源（袁亮，2019）。关闭/废弃矿井中赋存遗留煤炭资源量高达 420 亿 t，非常规天然气近 5000 亿 m³（袁亮等，2018），开发利用潜力巨大。废弃矿井的瓦斯资源是现实、可利用资源，契合"碳达峰、碳中和"大背景，具有"安全、环保、资源"三重属性，开发利用意义重大，但废弃矿井瓦斯抽采在国内尚属于起步阶段，在资源的赋存规律、资源评价方法、抽采井位部署以及配套工艺技术、装备等方面还很薄弱，需要国家出台政策给予引导和鼓励。

第九，建立统一的信息管理系统，强化信息渠道，实现数据、资源共享，避免无序竞争和重复性投资。主要包含以下两方面：企业内部应加强煤层气田的数字化建设，建立智慧气田和数字气田，运用大数据、云计算、人工智能等手段，充分挖掘和利用勘探开发生产过程中产生的巨量数据进行挖潜和增效；国家层面应加强行业技术与产业信息的统计和公布，建立不同特征的煤层气资源勘查评价体系和标准，建立形成煤层气各个技术环节统一的行业规范和标准。

主要参考文献

白桦, 2019. 全球非常规天然气开发利用及经验借鉴[J]. 中国石油企业, (12): 64-68.

毕彩芹, 2019. 煤系气:非常规天然气的"巨无霸"[N]. 中国矿业报, 2019-07-30.

毕彩芹, 胡志方, 汤达祯, 等, 2021. 煤系气研究进展与待解决的重要科学问题[J]. 中国地质, 48(2): 402-423.

曹代勇, 魏迎春, 王安民, 等, 2021. 显微组分大分子结构演化差异性及其动力学机制: 研究进展与展望[J]. 煤田地质与勘探, 49(1): 12-20.

柴君锋, 孙红波, 阴慧胜, 等, 2020. 煤层顶板水平井煤层气开发技术研究[J]. 煤炭技术, 39(10): 44-46.

陈富勇, 琚宜文, 李小诗, 等, 2010. 构造煤中煤层气扩散-渗流特征及其机理[J]. 地学前缘, 17(1): 195-201.

陈刚, 李五忠, 2011. 鄂尔多斯盆地深部煤层气吸附能力的影响因素及规律[J]. 天然气工业, 31(10): 47-49, 118.

陈刚, 秦勇, 胡宗全, 等, 2015. 不同煤阶深煤层含气量差异及其变化规律[J]. 高校地质学报, 21(2): 274-279.

陈莉, 傅雪海, 张璐锁, 等, 2009. 河北省煤层气可采率研究[J]. 煤, 18(7): 3-6.

陈义林, 秦勇, 易同生, 2013. 煤层残留气解吸过程组分体积分数的精细变化[J].煤炭学报, 38(12): 2182-2188.

陈贞龙, 2021. 延川南深部煤层气田地质单元划分及开发对策[J]. 煤田地质与勘探, 49(2): 13-20.

陈贞龙, 郭涛, 李鑫, 等, 2019. 延川南煤层气田深部煤层气成藏规律与开发技术[J]. 煤炭科学技术, 47(9): 112-118.

陈振宏, 王一兵, 杨焦生, 等, 2009. 影响煤层气井产量的关键因素分析: 以沁水盆地南部樊庄区块为例[J]. 石油学报, 30(3): 409-412, 416.

陈忠宁, 2018. 浅析煤层气(煤矿瓦斯)开发利用途径及其重要意义[J]. 科技风, (8): 174-175.

程爱国, 曹代勇, 袁同兴, 2013. 中国煤炭资源潜力评价[R]. 北京: 中国煤炭地质总局.

戴厚良, 苏义脑, 刘刘吉臻, 等, 2022. 碳中和目标下我国能源发展战略思考. 石油科技论坛, 2022, 41(1):1-8.

丁昊明, 戴彩丽, 高静, 等, 2013. 国内外煤层气开发技术综述[J]. 煤, 22(4): 24-26.

方良才, 李贵红, 李丹丹, 等, 2020. 淮北芦岭煤矿煤层顶板水平井煤层气抽采效果分析[J]. 煤田地质与勘探, 48(6): 155-160, 169.

傅诚德, 1999. 企业化: 石油院所改革的必由之路[J].中国石油石化, (6): 14.

傅莎, 李俊峰, 2016. 《巴黎协定》影响中国低碳发展和能源转型[J]. 环境经济, (S4): 45-47.

傅雪海, 秦勇, 韦重韬, 2007. 煤层气地质学[M]. 徐州: 中国矿业大学出版社.

傅雪海, 秦勇, 叶建平, 等, 2000. 中国部分煤储层解吸特性及甲烷采收率[J]. 煤田地质与勘探, 28(2): 19-21.

傅雪海, 周荣福, 廖斌琛, 等, 2014. 地勘阶段煤与瓦斯突出区域预测的理论和方法:以淮南潘一煤矿为例[M]. 徐州: 中国矿业大学出版社.

高德利, 毕延森, 鲜保安, 2022. 中国煤层气高效开发井型和钻完井技术进展[J]. 天然气工业, 42(6): 1-18.

高玉巧, 郭涛, 何希鹏, 等, 2021a. 贵州省织金地区煤层气多层合采层位优选[J]. 石油实验地质, 43(2): 227-232, 241.

高玉巧, 李鑫, 何希鹏, 等, 2021b. 延川南深部煤层气高产主控地质因素研究[J]. 煤田地质与勘探, 49(2): 21-27.

巩泽文, 贾建称, 许耀波, 等, 2021. 基于测井信息的煤层顶板水平井抽采煤层气技术[J]. 天然气工业, 41(2): 83-91.

关德师, 1997. 中国煤层甲烷可采资源量及当前主要勘探区[J]. 特种油气藏, 4(2): 6-9.

郭涛, 2021. 深部煤层气赋存态及其含量预测模型[D]. 徐州: 中国矿业大学.

国家煤矿安全监察局, 2011. 全国瓦斯抽采利用情况[R]. 北京: 国家煤矿安全监察局.

国家能源局, 2013. 煤层气产业政策[EB/OL].([2013-02-22]). http://zfxxgk.nea.gov.cn/auto85/201303/t20130322_1598.htm.

国家能源局石油天然气司, 2021. 中国天然气发展报告(2021)[EB/OL].([2021-08-24]). http://www.gov.cn/xinwen/2021-08/24/content_5632895.htm.

国土资源部油气战略研究中心, 2006. 新一轮全国油气资源评价煤层气资源评价成果报告[R]. 北京: 国土资源部.

国务院发展研究中心资源与环境政策研究所, 北京大学能源研究院, 清华大学能源互联网创新研究院, 等, 2020. 中国天然气高质量发展报告(2020)[M]. 北京: 石油工业出版社.

韩甲业, 2013. 我国报废煤矿瓦斯抽采利用现状及潜力[J]. 中国煤层气, 10(4): 23-25, 12.

韩甲业, 应中宝, 2012. 我国低浓度煤矿瓦斯利用技术研究[J]. 中国煤层气, (6): 39-41.

何建坤, 2020. 中国长期低碳发展战略与转型路径研究[R]. 北京: 清华大学气候变化与可持续发展研究院.

胡焮彭, 赵永哲, 徐堪社, 等, 2020. 黔北矿区煤层顶板水平井钻井关键技术[J]. 煤田地质与勘探, 48(1): 227-232.

黄洪春, 卢明, 申瑞臣, 2004. 煤层气定向羽状水平井钻井技术研究[J]. 天然气工业, 24(5): 76-78.

黄健良, 牛欢, 邓军, 2009. 淮南地区煤层气地质特征及勘探开发前景[J]. 中国科技信息, (1): 21-21, 24.

贾高隆, 2000. 内蒙古煤炭工业可持续发展之路: 煤层气开发与利用[J]. 内蒙古煤炭经济, (6): 41-42.

贾建称, 陈晨, 董夔, 等, 2017. 碎软低渗煤层顶板水平井分段压裂高效抽采煤层气技术研究[J]. 天然气地球科学, 28(12): 1873-1881.

姜鑫民, 田磊, 刘琪, 等, 2017. 我国非常规天然气发展战略研究[J]. 中国能源, 39(6): 8-11.

姜在炳, 李浩哲, 方良才, 等, 2020. 紧邻碎软煤层顶板水平井分段穿层压裂裂缝延展机理[J]. 煤炭学报, 45(S2): 922-931.

车长波, 杨虎林, 李富兵, 等, 2008. 我国煤层气资源勘探开发前景[J]. 中国矿业, 17(5): 1-4.

康毅力, 罗平亚, 2003. 煤岩气藏开发分类探讨[J]. 西南石油学院学报, (6): 19-22.

孔令峰, 栾向阳, 杜敏, 等, 2017. 典型区块煤层气地面开发项目经济性分析及国内煤层气可持续发展政策探讨[J].天然气工业, 37(3): 116-126.

孔令峰, 张军贤, 李华启, 等, 2020. 我国中深层煤炭地下气化商业化路径[J]. 天然气工业, 40(4): 156-165.

李彬刚, 2017. 芦岭煤矿碎软低渗煤层高效抽采技术[J]. 煤田地质与勘探, 45(4): 81-84, 93.

李德详, 1992.煤的残存瓦斯含量测定方法[J]. 煤矿安全, 23(9): 5-8, 38-49.

李登华, 高媛, 刘卓亚, 等, 2018. 中美煤层气资源分布特征和开发现状对比及启示[J]. 煤炭科学技术, 46(1): 252-261.

李皋, 孟英峰, 蒋俊, 等, 2009. 气体钻井的适应性评价技术[J]. 天然气工业, 29(3): 57-61, 137.

李建忠, 郑民, 张国生, 等, 2012. 中国常规与非常规天然气资源潜力及发展前景[J]. 石油学报, 33(S1): 89-98.

李景明, 巢海燕, 聂志宏, 2010. 煤层气直井开发概要[C]//煤层气勘探开发理论与技术: 2010年全国煤层气学术研讨会论文集: 283-290.

李乐忠, 2016. 低煤阶、薄互层煤层气的成藏特征及开发技术: 以澳大利亚苏拉特盆地为例[J]. 中国煤层气, 13(6): 15-19.

李前贵, 康毅力, 罗平亚, 2003. 煤层甲烷解吸—扩散—渗流过程的影响因素分析[J].煤田地质与勘探, 31(4): 26-29.

李世臻, 曲英杰, 2010. 美国煤层气和页岩气勘探开发现状及对我国的启示[J].中国矿业, 19(12): 17-21.

李思田, 林畅松, 解习农, 等, 1995. 大型陆相盆地层序地层学研究: 以鄂尔多斯中生代盆地为例[J]. 地学前缘, 2(4): 133-136, 148.

李辛子, 王运海, 姜昭琛, 等, 2016. 深部煤层气勘探开发进展与研究[J]. 煤炭学报, 41(1): 24-31.

李勇, 汤达祯, 许浩, 等, 2014. 国外典型煤层气盆地可采资源量计算[J]. 煤田地质与勘探, 42(2): 23-27.

李勇, 王延斌, 孟尚志, 等, 2020. 煤系非常规天然气合采地质基础理论进展及展望[J]. 煤炭学报, 45(4): 1406-1418.

李勇, 许卫凯, 高计县, 等, 2021. "源-储-输导系统"联控煤系气富集成藏机制: 以鄂尔多斯盆地东缘为例[J].煤炭学报, 46(8): 2440-2453.

李勇, 潘松圻, 宁树正, 等, 2022a. 煤系成矿学内涵与发展: 兼论煤系成矿系统及其资源环境效应[J]. 中国科学: 地球科学, 52(10): 1948-1965.

李勇, 吴鹏, 高计县, 等, 2022b. 煤成气多层系富集机制与全含气系统模式:以鄂尔多斯盆地东缘临兴区块为例[J]. 天然气工业, 42(6): 52-64.

李育辉, 崔永君, 钟玲文, 等, 2005. 煤基质中甲烷扩散动力学特性研究[J]. 煤田地质与勘探, 33(6): 31-34.

李振涛, 2018. 煤储层孔裂隙演化及对煤层气微观流动的影响[D]. 北京: 中国地质大学(北京).

梁杰, 王喆, 梁鲲, 等, 2020. 煤炭地下气化技术进展与工程科技[J]. 煤炭学报, 45(1): 393-402.

刘成林, 朱杰, 车长波, 等, 2009. 新一轮全国煤层气资源评价方法与结果[J]. 天然气工业, 29(11): 130-132, 152.

刘国伟, 苏现波, 林晓英, 等, 2007. 煤层气勘探开发一体化经济评价模型. 河南理工大学学报

(自然科学版), 26(5): 516-521.

刘虹, 赵美琳, 赵康, 等, 2022. 山西省煤矿甲烷排放量与利用量精细测算[J]. 天然气工业, 42(6): 179-185.

刘洪林, 李景明, 宁宁, 等, 2007. 我国煤层气勘探开发现状、前景及产业化发展建议[J]. 天然气技术, 1(4): 9-12, 93.

刘见中, 孙海涛, 雷毅, 等, 2020. 煤矿区煤层气开发利用新技术现状及发展趋势[J]. 煤炭学报, 45(1): 258-267.

刘钦节, 王金江, 杨科, 等, 2021. 关闭/废弃矿井地下空间资源精准开发利用模式研究[J]. 煤田地质与勘探, 49(4): 71-78.

刘殊呈, 粟科华, 李伟, 等, 2021 油气上游业务温室气体排放现状与碳中和路径分析[J]. 国际石油经济, 29(11): 22-33.

刘思彤, 郑志红, 庚勐, 等, 2019. 沁水盆地煤层气资源潜力及开发利用前景[J]. 中国矿业, 28(7): 37-43.

刘文革, 徐鑫, 韩甲业, 等, 2022. 碳中和目标下煤矿甲烷减排趋势模型及关键技术[J]. 煤炭学报, 47(1): 470-479.

刘贻军, 娄建青, 2004. 中国煤层气储层特征及开发技术探讨[J]. 天然气工业, 24(1): 68-71.

刘英, 解建, 张号召, 2014. 煤矿充填开采塌陷区地表环境损害评价研究[J].中州煤炭, (8): 101-105.

刘曰武, 苏中良, 方虹斌, 等, 2010. 煤层气的解吸/吸附机理研究综述[J]. 油气井测试, 19(6): 37-44, 83.

罗平亚, 1998. 提高探井钻井成功率的几点看法[J].西南石油学院学报, (2): 9-12.

罗平亚, 2013. 关于大幅度提高我国煤层气井单井产量的探讨[J]. 天然气工业, 33(6): 1-6.

罗平亚, 2021. 我国煤层气有效开发发展战略研究背景[R]. 成都: 西南石油大学.

罗佐县, 2020. 碳中和激活多领域天然气需求潜力[J]. 能源, (11): 30-32.

Ma Y Z, Holditch S A, 2020. 非常规油气资源[M]. 崔景伟, 等译. 北京: 石油工业出版社.

马新华, 张晓伟, 熊伟, 等, 2023. 中国页岩气发展前景及挑战[J]. 石油科学通报, 8(4): 491-501.

门相勇, 韩征, 高白水, 等, 2017. 我国煤层气勘查开发现状与发展建议[J].中国矿业, 26(S2): 1-4.

门相勇, 娄钰, 王一兵, 等, 2022. 中国煤层气产业"十三五"以来发展成效与建议[J]. 天然气工业, 42(6): 173-178.

"能源领域咨询研究"综合组, 2015. 我国非常规天然气开发利用战略研究[J]. 中国工程科学, 17(9): 6-10.

倪小明, 赵政, 刘度, 等, 2020. 柿庄南区块煤层气低产井原因分析及增产技术对策研究[J]. 煤炭科学技术, 48(2): 176-184.

潘继平, 王楠, 韩志强, 等, 2011.中国非常规天然气资源勘探开发与政策思考[J].国际石油经济, 19(6): 19-24, 110.

潘小海, 伍勇旭, 李东, 2021. 双碳发展对我国的影响及应对策略[J]. 技术经济, 40(9): 172-180.

蒲一帆, 汤达祯, 陶树, 等, 2021. 新疆阜康地区多煤层组合条件下开发层段评价优选[J]. 煤炭学报, 46(7): 2321-2330.

钱凯, 施振生, 林世国, 等, 2009.中国煤层气的产业化进程与发展建议[J].天然气地球科学,

20(6): 831-840.

秦勇, 程爱国, 2007. 中国煤层气勘探开发的进展与趋势[J].中国煤田地质, 19(1): 26-29, 32.

秦勇, 申建, 2016. 论深部煤层气基本地质问题[J]. 石油学报, 37(1): 125-136.

秦勇, 申建, 2021. 持续推进煤层(系)气科技攻关, 满足天然气增储上产国家需求[R]. 第六届非常规油气地质评价暨新能源学术研讨会, 2021-07-10.

秦勇, 傅雪海, 韦重韬, 2012. 煤层气成藏动力条件及其控藏效应[M]. 北京: 科学出版社.

秦勇, 申建, 沈玉林, 2016. 叠置含气系统共采兼容性: 煤系"三气"及深部煤层气开采中的共性地质问题[J]. 煤炭学报, 41(1): 14-23.

秦勇, 申建, 李小刚, 2022a.中国煤层气资源控制程度及可靠性分析[J]. 天然气工业, 42(6): 19-32.

秦勇, 申建, 史锐, 2022b. 中国煤系气大产业建设战略价值与战略选择[J]. 煤炭学报, 47(1): 371-387.

秦勇, 熊孟辉, 易同生, 等, 2008. 论多层叠置独立含煤层气系统:以贵州织金—纳雍煤田水公河向斜为例[J]. 地质论评, 54(1): 65-70.

秦勇, 袁亮, 程远平, 等, 2012a. 中国煤层气产业战略效益影响因素分析[J]. 科技导报, 30(34): 70-75.

秦勇, 袁亮, 胡千庭, 等, 2012b. 我国煤层气勘探与开发技术现状及发展方向[J]. 煤炭科学技术, 40(10): 1-6.

秦勇, 袁亮, 程远平, 等, 2013. 中国煤层气地面井中长期生产规模的情景预测[J]. 石油学报, 34(3): 489-495.

秦勇, 吴建光, 申建, 等, 2018. 煤系气合采地质技术前缘性探索[J]. 煤炭学报, 43(6): 1504-1516.

秦勇, 申建, 沈玉林, 等, 2019. 苏拉特盆地煤系气高产地质原因及启示[J]. 石油学报, 40(10): 1147-1157.

秦勇, 吴建光, 李国璋, 等, 2020. 煤系气开采模式探索及先导工程示范[J]. 煤炭学报, 45(7): 2513-2522.

秦勇, 吴财芳, 杨兆彪, 等, 2021. 贵州省西部煤系气调查评价[R]. 徐州: 中国矿业大学.

曲海, 2019. 煤层气开发工程新进展[M]. 北京: 石油工业出版社.

任辉, 赵欣, 王佟, 等, 2018. 我国煤层气产业突破发展的建议与措施[J]. 中国煤炭地质, 30(7): 1-4.

任玉琴, 桂红珍, 温礼琴, 等, 2014. 我国页岩气开发利用现状分析[J]. 国土资源情报, (12): 23-26.

单衍胜, 毕彩芹, 张家强, 等, 2018. 准噶尔盆地南缘探获中侏罗统低煤阶煤层气高产工业气流[J]. 中国地质, 45(5): 1078-1079.

Scott A R, Kaiser W R, AyersJr W B, 等, 1997. 美国圣胡安盆地的次生生物成因和热成因煤层气[J]. 天然气地球科学, 8(4): 29-35.

申建, 秦勇, 2021. 我国主要盆地深部煤层气资源量预测[R]. 徐州: 中国矿业大学.

申建, 秦勇, 傅雪海, 等, 2014. 深部煤层气成藏条件特殊性及其临界深度探讨[J]. 天然气地球科学, 25(9): 1470-1476.

宋彪彪, 于占军, 樊鹏伟, 等, 2019. 阳煤一矿封闭式气膜煤棚内部流场仿真与瓦斯粉尘监测技术[J]. 山西煤炭, 39(4): 79-83.

宋汉成, 焦文玲, 李娟娟, 2007. 煤层气发展利用的技术分析[J]. 上海煤气, (5): 1-5.

孙昌宁, 2021. 基于煤样常态瓦斯存留量的煤层瓦斯压力及含量测值技术研究[D]. 徐州: 中国矿业大学.

孙茂远, 范志强, 2007. 中国煤层气开发利用现状及产业化战略选择[J]. 天然气工业, 27(3): 1-5, 145.

孙茂远, 刘贻军, 2008. 中国煤层气产业新进展[J]. 天然气工业, 28(3): 5-9, 133.

孙钦平, 赵群, 姜馨淳, 等, 2021. 新形势下中国煤层气勘探开发前景与对策思考[J]. 煤炭学报, 46(1): 65-76.

汤达祯, 杨曙光, 唐淑玲, 等, 2021. 准噶尔盆地煤层气勘探开发与地质研究进展[J]. 煤炭学报, 46(8): 2412-2425.

汤建江, 黄建明, 刘蒙蒙, 2018. 定向钻井技术在阜康煤层气示范工程中的应用[J]. 探矿工程(岩土钻掘工程), 45(1): 28-30.

唐鹏程, 郭平, 杨素云, 等, 2009. 煤层气成藏机理研究[J]. 中国矿业, 18(2): 94-97.

唐跃, 2020. 淮南地区多层叠置煤层气系统选层压裂改造对策研究[D]. 北京: 中国地质大学(北京).

天工, 2020. 低渗透煤层煤层气增产技术瓶颈被打破[J]. 天然气工业, 40(7): 153.

田文广, 李五中, 王一兵, 等, 2007. 关于煤矿区煤层气综合开发利用模式的思考[C]//煤层气勘探开发理论与实践: 313-318.

田文广, 李五忠, 周远刚, 等, 2008. 煤矿区煤层气综合开发利用模式探讨[J]. 天然气工业, 28(3): 87-89, 145.

田中兰, 乔磊, 苏义脑, 2010. 郑平01-1煤层气多分支水平井优化设计与实践[J]. 石油钻采工艺, 32(2): 26-29.

王成旺, 冯延青, 杨海星, 等, 2018. 鄂尔多斯盆地韩城区块煤层气老井挖潜技术及应用[J]. 煤田地质与勘探, 46(5): 212-218.

王春修, 贾怀存, 2011. 东北亚地区油气资源与勘探开发前景[J]. 国际石油经济, 19(11): 58-64, 111.

王凤林, 宋波, 邓钧耀, 2011. 煤矿区煤层气开发技术现状及发展[J]. 煤矿安全, 42(9): 133-136.

王赶耀, 丰庆泰, 李平, 2013. 沿煤层顶板水平井分段压裂煤层气开采技术研究[J]. 山西大同大学学报(自然科学版), 29(4): 68-70.

王刚, 杨曙光, 张娜, 等, 2016. 新疆低煤阶煤层气的特殊地质条件及研究方向[J]. 中国煤层气, 13(4): 7-10.

王刚, 舒坤, 张娜, 等, 2021. 新疆煤层气产业发展的瓶颈问题及原因和对策分析[J]. 中国煤层气, 18(2): 43-45.

王怀勐, 朱炎铭, 李伍, 等, 2011. 煤层气赋存的两大地质控制因素[J]. 煤炭学报, 36(7): 1129-1134.

王行军, 刘亚然, 王福国, 等, 2019. 我国煤层气产业政策现状研究[J]. 中国煤炭地质, 31(12): 102-107.

王震, 赵林, 2016. 新形势下中国天然气行业发展与改革思考[J]. 国际石油经济, (6): 6.

王志荣, 胡凯, 杨杰, 等, 2019. 软煤储层顶板水平井穿层工况下压裂缝扩展模型[J]. 煤田地质与勘探, 47(6): 20-25.

位云生, 贾爱林, 何东博, 等, 2017. 中国页岩气与致密气开发特征与开发技术异同[J]. 天然气工业, 37(11): 43-52.

温声明, 周科, 鹿倩, 2019. 中国煤层气发展战略探讨:以中石油煤层气有限责任公司为例[J]. 天然气工业, 39(5): 129-136.

巫修平, 张群, 2018. 碎软低渗煤层顶板水平井分段压裂裂缝扩展规律及控制机制[J]. 天然气地球科学, 29(2): 268-276.

吴财芳, 刘小磊, 张莎莎, 2018. 滇东黔西多煤层地区煤层气"层次递阶"地质选区指标体系构建[J]. 煤炭学报, 43(6): 1647-1653.

吴天毅, 陈宝义, 2008. 山西沁水盆地煤层气定向井钻井工艺[J]. 吉林地质, 27(1): 33-34.

吴晓智, 王社教, 郑民, 等, 2016.常规与非常规油气资源评价技术规范体系建立及意义[J].天然气地球科学, 27(9): 1640-1650.

吴吟, 2021. 煤矿瓦斯防治交出靓丽答卷[N]. 中国能源报, 2021-03-17(4).

鲜成钢, 张介辉, 陈欣, 等, 2017. 地质力学在地质工程一体化中的应用[J]. 中国石油勘探, 22(1): 75-88.

谢克昌, 2012. 非常规油气开发路径渐渐清晰[J]. 中国石油和化工标准与质量, 32(16): 3-4.

谢克昌, 邱中建, 金庆焕, 等, 2014. 我国非常规天然气开发利用战略研究[M]. 北京: 科学出版社.

徐春光, 朱有彬, 李思齐, 2011. 浅谈我国煤层气开发利用的制约因素[J]. 中州煤炭, (12): 39-41.

徐凤银, 杨赟, 2022. "双碳"目标下中国煤层气产业高质量发展途径[J]. 石油知识, (2): 24-26.

徐凤银, 李曙光, 王德桂, 等, 2008. 煤层气勘探开发的理论与技术发展方向[J].中国石油勘探, 13(5): 1-6.

徐凤银, 肖芝华, 陈东, 等, 2019. 我国煤层气开发技术现状与发展方向[J]. 煤炭科学技术, 47(10): 205-215.

徐凤银, 王勃, 赵欣, 等, 2021. "双碳"目标下推进中国煤层气业务高质量发展的思考与建议[J]. 中国石油勘探, 26(3): 9-18.

徐凤银, 侯伟, 熊先钺, 等. 2023. 中国煤层气产业现状与发展战略[J]. 石油勘探与开发, 50(4): 669-682.

许耀波, 朱玉双, 张培河, 2018. 紧邻碎软煤层的顶板岩层水平井开发煤层气技术[J]. 天然气工业, 38(9): 70-75.

薛明, 卢明霞, 张晓飞, 等, 2021. 碳达峰、碳中和目标下油气行业绿色低碳发展建议[J]. 环境保护, 49(17): 30-32.

闫霞, 徐凤银, 聂志宏, 等, 2021. 深部微构造特征及其对煤层气高产"甜点区"的控制:以鄂尔多斯盆地东缘大吉地区为例[J]. 煤炭学报, 46(8): 2426-2439.

杨长鑫, 杨兆中, 李小刚, 等, 2022. 中国煤层气地面井开采储层改造技术现状与展望[J]. 天然气工业, 42(6): 154-162.

杨福忠, 祝厚勤, 赵文光, 等, 2013. 澳大利亚煤层气地质特征及勘探技术: 以博文和苏拉特盆地为例[J]. 北京: 石油工业出版社.

杨怀成, 钱卫明, 张磊, 等, 2012. 煤层气井排采工艺技术研究及其应用[J]. 矿业安全与环保, 39(2): 58-61.

杨奎生, 2014. 瓦斯抽放技术在煤矿生产中的应用研究[J]. 科技视界, (3): 280, 325.

杨兆彪, 秦勇, 张争光, 等, 2018. 基于聚类分析的多煤层煤层气产层组合选择[J]. 煤炭学报, 43(6): 1641-1646.

叶建平, 陆小霞, 2016. 我国煤层气产业发展现状和技术进展[J]. 煤炭科学技术, 44(1): 24-28, 46.

叶建平, 侯淞译, 张守仁, 2022. "十三五"期间我国煤层气勘探开发进展及下一步勘探方向[J]. 煤田地质与勘探, 50(3): 15-22.

叶建平, 张兵, 韩学婷, 等, 2016. 深煤层井组 CO_2 注入提高采收率关键参数模拟和试验[J]. 煤炭学报, 41(1): 149-155.

易同生, 周效志, 金军, 2016. 黔西松河井田龙潭煤系煤层气-致密气成藏特征及共探共采技术[J]. 煤炭学报, 41(1): 212-220.

余峰, 李思宇, 邱园园, 等, 2022. 稻田甲烷排放的微生物学机理及节水栽培对甲烷排放的影响[J/OL]. 中国水稻科学, 36(1): 1-12.

袁亮, 2012.煤层气地面抽采需破解体制困局[EB/OL].([2012-04-06]). https://myws.aust.edu.cn/info/1015/1191.htm.

袁亮, 2018. 煤层气(煤矿瓦斯)开发利用"十三五"规划中期评估报告[R]. 北京: 中国工程院能源与矿业工程学部.

袁亮, 2019. 推动我国关闭/废弃矿井资源精准开发利用研究[J]. 煤炭经济研究, 39(5): 1.

袁亮, 杨科, 2021. 再论废弃矿井利用面临的科学问题与对策[J]. 煤炭学报, 46(1): 16-24.

袁亮, 姜耀东, 王凯, 等, 2018. 我国关闭/废弃矿井资源精准开发利用的科学思考[J]. 煤炭学报, 43(1): 14-20.

曾智勇, 2015. 探析高温深层碳酸盐岩储层酸化压裂改造技术[J]. 科技与企业, (2): 132.

战薇芸, 刘辉, 陈尘, 等, 2020. 四川盆地海相碳酸盐岩天然气资源量储量转换规律[J]. 天然气勘探与开发, 43(4): 48-53.

张传平, 赵谦, 吴建光, 等, 2015. 中国煤层气产业发展影响因素分析[J]. 中外能源, 20(8): 25-33.

张道勇, 朱杰, 赵先良, 等, 2018. 全国煤层气资源动态评价与可利用性分析[J]. 煤炭学报, 43(6): 1598-1604.

张东亮, 2019. 碎软低渗煤层顶板水平井条带瓦斯预抽技术[J]. 煤矿安全, 50(4): 72-76.

张福涛, 2019. 我国煤矿区煤层气井上下联合抽采研究进展[J]. 煤炭工程, 51(6): 1-5.

张娜, 毕彩芹, 唐跃, 2019. 新疆低煤阶煤层吸附能力对煤层气开发影响因素分析[J]. 煤炭技术, 38(9): 182-185.

张宁, 朱杰, 王遂正, 等, 2015.全国煤层气资源勘查开采有利区优选[J].中国煤炭地质, 27(7): 48-51.

张培河, 张群, 王宝玉, 等, 2006. 煤层气可采性综合评价方法研究:以潘庄井田为例[J]. 煤田地质与勘探, 34(1): 21-25.

张千贵, 李权山, 范翔宇, 等, 2022. 中国煤与煤层气共采理论技术现状及发展趋势[J]. 天然气工业, 42(6): 130-145.

张群, 葛春贵, 李伟, 等, 2018. 碎软低渗煤层顶板水平井分段压裂煤层气高效抽采模式[J]. 煤炭学报, 43(1): 150-159.

张遂安, 2007. 煤层气资源特点与开发模式[J]. 煤田地质与勘探, (4): 27-30.

张孙玄琦, 2015. 中国煤层气开发利用现状及其前景[J]. 地下水, 37(5): 254-255, 258.

张文忠, 许浩, 傅小康, 等, 2010. 利用等温吸附曲线估算柳林区块煤层气可采资源量[J]. 大庆石油学院学报, 34(1): 29-32.

张新民, 1991. 煤层甲烷:我国天然气的重要潜在领域[J]. 天然气工业, (3): 13-17.

张新民, 解光新, 2002. 我国煤层气开发面临的主要科学技术问题及对策[J]. 煤田地质与勘探, 30(2): 19-22.

张新民, 赵靖舟, 张培河, 等, 2007. 中国煤层气技术可采资源潜力[J]. 煤田地质与勘探, 35(4): 23-26.

赵庆波, 杨金凤, 1993.渤海湾盆地气藏盖层特征[J]. 天然气地球科学, 4(5): 1-10.

郑民, 李建忠, 吴晓智, 等, 2018. 我国常规与非常规天然气资源潜力、重点领域与勘探方向[J]. 天然气地球科学, 29(10): 1383-1397.

郑民, 李建忠, 吴晓智, 等, 2019. 我国主要含油气盆地油气资源潜力及未来重点勘探领域[J]. 地球科学, 44(3): 833-847.

中国矿业网, 2017. 中国地质学会 2016 年度十大地质科技进展[EB/OL].([2017-02-06]). http://www.chinamining.org.cn/index.php？m=content&c=index&a=show&catid=6&id=19716.

中国石化集团华东分公司, 2021. 延川南深部煤层气高效开发关键技术及工业化应用[R]. 太原: 科技成果鉴定会, 2021-05-24.

中国石油经济技术研究院, 2020. 2050 年世界与中国能源展望(2020 版)[R]. 北京: 中国石油经济技术研究院.

中华人民共和国环境保护部, 2008. 煤层气(煤矿瓦斯)排放标准(暂行)(GB 21522—2008)[S]. 北京: 中国环境科学出版社.

中商情报网, 2021. 煤层气产量统计数据[EB/OL].([2021-09-08]). https://s.askci.com/data/energy/a030104/.

周庆凡, 2020. 近期中国天然气发展回顾与未来趋势展望[J]. 中外能源, 25(11): 1-8.

周尚忠, 张文忠, 2011.当前我国煤层气采收率估算方法及存在问题[J]. 中国煤层气, 8(4): 9-12, 25.

朱庆忠, 2021. 高煤阶煤层气开发实践及存在的问题[A]. 我国煤层气有效开发发展战略研究研讨会[C]. 成都: 2021-05-21.

朱松丽, 朱磊, 赵小凡, 等, 2020. "十二五"以来中国应对气候变化政策和行动评述[J]. 中国人口·资源与环境, 30(4): 1-8.

自然资源部, 2012. 我国页岩气资源量全球第一[EB/OL].([2012-07-30]). http://www.mnr. gov.cn/dt/zb/2013/2yyqzb/beijingziliao/201207/t20120730_2129023.html.

自然资源部, 2021. 全国石油天然气资源勘查开采通报(2020 年度)[EB/OL].([2021-09-17]). http://gi. mnr.gov.cn/202109/t20210918_2681270.html.

邹才能, 杨智, 何东博, 等, 2018a. 常规-非常规天然气理论、技术及前景[J]. 石油勘探与开发, 45(4): 575-587.

邹才能, 赵群, 陈建军, 等, 2018b. 中国天然气发展态势及战略预判[J]. 天然气工业, 38(4): 1-11.

邹才能, 杨智, 黄士鹏, 等, 2019. 煤系天然气的资源类型、形成分布与发展前景[J].石油勘探与开发, 2019, 46(3): 433-442.

邹才能, 何东博, 贾成业, 等, 2021a. 世界能源转型内涵、路径及其对碳中和的意义[J]. 石油学报, 42(2): 233-247.

邹才能, 赵群, 丛连铸, 等, 2021b. 中国页岩气开发进展、潜力及前景[J]. 天然气工业, 41(1): 1-14.

邹海江, 李萍, 2019. 煤层气勘探开发进展与展望[J]. 山东工业技术, (9): 75.

邹海江, 张荣荣. 2019. 煤层气勘探与开发技术的应用现状及发展方向[J]. 山东工业技术, (10): 82.

左前明, 2021. 双碳目标下煤炭既要践行脱碳转型更要重视兜底保障[EB/OL].([2021-05-31]). https://baijiahao.baidu.com/s? id=1701263516222782581&wfr=spider&for=pc.

Bachu S, Michael K, 2003. Possible controls of hydrogeological and stress regimes on the producibility of coalbed methane in Upper Cretaceous-Tertiary strata of the Alberta basin, Canada[J]. AAPG Bulletin, 87(11): 1729-1754.

Beaton A, Langenberg W, PanăC, 2006. Coalbed methane resources and reservoir characteristics from the Alberta Plains, Canada[J]. International Journal of Coal Geology, 65(1-2): 93-113.

BP, 2019. BP Statistical Review of World Energy 2019[EB/OL].([2019-07-30]). https://www.bp.com/zh_cn/china/home/news/reports/statistical-review-2019.html.

BP, 2020. BP Statistical Review of World Energy 2020[EB/OL].([2020-09-17]). https://www.bp.com/en/global/corporate/news-and-insights/press-releases/bp-statistical-review-of-world-energy-2020-published.html.

BP, 2021. Statistical review of world energy 2021[R]. London: British petroleum.

Branajaya R, Archer P, Farley A, 2019. Pushing the boundaries-deployment of innovative drilling, completion and production technology to advance a deep coal seam play[J]. The APPEA Journal, 59(2): 770.

Camac B, Benson J, Chan V, et al., 2018. Cooper Basin Deep Coal-the New Unconventional Paradigm: Deepest producing coals in Australia[J]. ASEG Extended Abstracts, 2018(1): 1-7.

Cheung K, Klassen P, Mayer B, et al., 2010. Major ion and isotope geochemistry of fluids and gases from coalbed methane and shallow groundwater wells in Alberta, Canada[J]. Applied Geochemistry, 25(9): 1307-1329.

Cooper G, Lockhart D, Walsh A, 2018. The Permian Deep Coal Play, Cooper Basin, Australia[C]// Unlocking the Next Gas GiantDay 2 Wed, October 24, 2018. October 23-25, 2018. Brisbane, Australia. SPE, 19-21.

Dunlop E C, Salmachi A, McCabe P J, 2020. Investigation of increasing hydraulic fracture conductivity within producing ultra-deep coal seams using time-lapse rate transient analysis: A long-term pilot experiment in the Cooper Basin, Australia[J]. International Journal of Coal Geology, 220: 103363.

EIA U.S, 2021. Coalbed Methane Production[EB/OL].([2021-09-08]). https://www.eia.gov/dnav/ng/hist/rngr52nus_1a.htm.

Flint S S, Aitken J F, Hampson G, 1995. Application of sequence stratigraphy to coal-bearing coastal plain successions: Implications for the UK Coal Measures[J]. Geological Society, London, Special Publications, 82(1): 1-16.

Fraser S A, Johnson R L, 2018. Impact of Laboratory Testing Variability in Fracture Conductivity for Stimulation Effectiveness in Permian Deep Coal Source Rocks, Cooper Basin, South Australia[C] //SPE Asia Pacific Oil and Gas Conference and Exhibition, Society of Petroleum Engineers: Brisbane, Australia, 19.

Gentzis T, 2009. Review of Mannville coal geomechanical properties: Application to coalbed methane drilling in the Central Alberta Plains, Canada[J]. Energy Sources, Part A: Recovery, Utilization, and Environmental Effects, 32(4): 355-369.

Government Q, 2021. Production and reserve statistics[EB/OL].([2021-09-10]). https://www. business. qld.gov.au/industries/mining-energy-water/resources/petroleum-energy/outlook-statistics/ petrole-um-gas.

Halliburton, 2012. Coalbed Methane Development-A Vital Part of the Total Energy Mix[EB/OL]. 2012. http://www. halliburton.com.

IEA, 2019. World energy outlook 2019[R]. Paris: International Energy Agency.

IPCC, 2006. IPCC Guidelines for National Greenhouse Gas Inventories[M]. Kanagawa: The Institute for Global Environmental Strategies, 2006.

IPCC, 2013. Climate Change 2013: The Physical Science Basis: Working Group I Contribution to the Fifth Assessment Report of the Intergovernmental Panel on Climate Change[M]. Cambridge: Cambridge University Press.

Johnson R C, Flores R M, 1998. Developmental geology of coalbed methane from shallow to deep in Rocky Mountain basins and in Cook Inlet-Matanuska basin, Alaska, USA and Canada[J]. International Journal of Coal Geology, 35(1-4): 241-282

Markowski A K, 1998. Coalbed methane resource potential and current prospects in Pennsylvania[J]. International Journal of Coal Geology, 38(1-2): 137-159

Miyazaki S, 2005. Coal seam gas exploration, development and resources in Australia: A national perspective[J]. The APPEA Journal, 45(1): 131.

Moore T, 2012. Coalbed methane: A review[J]. International Journal of Coal Geology, 101: 36-81.

Myers T, 2009. Groundwater management and coal bed methane development in the Powder River Basin of Montana[J]. Journal of Hydrology, 368(1-4): 178-193.

Pan Z J, Connell L D, 2013. Modelling permeability for coal reservoirs: A review of analytical models and testine data[J]. International Journal of Coal Geology, 109:101-146.

Pashin J C, 1998. Stratigraphy and structure of coalbed methane reservoirs in the United States: An overview[J]. International Journal of Coal Geology, 35(1-4): 209-240.

Rice D D, 1993. Composition and origins of coalbed gas:Hydrocar-bons from coal[J]. AAPG Studies in Geology, 38: 159-184.

Salmachi A, Dunlap E, Rajabi M, et al., 2019. Investigation of permeability change in ultradeep coal seams using time-lapse pressure transient analysis: A pilot project in the Cooper Basin, Australia[J]. AAPG Bulletin, 103(1): 91-107.

Tonnsen R R, Miskimin I L, 2010. A conventional look at an un-conventional reservoir: Coalbed methane production potentialin deep environments[C]. Proceedings of AAPG AnnualConvention and Exhibition. New Orleans, Louisiana, April: 11-14.

Towler B, Firouzi M, Underschultz I, et al., 2016. An overview of the coal seam gas developments in Queensland[J]. Journal of Natural Gas Science and Engineering, 31: 249-271.

Tyler R, Ambrose W A, Scott A R, et al., 2016. Evaluation of the coalbed methane potential in the Greater Green River, Piceance, Powder River, and Raton Basins[C]. AAPG Bulletin, 76:23-35.

Zhang E T, Hill R J, Katz B J, et al., 2008. Modeling of gas generation from the Cameo Coal Zone in the Piceance Basin, Colorado[J]. AAPG Bulletin, 92(8): 1077-1106.

Zhang J Y, Feng Q H, Zhang X M, et al., 2015. Zhai. Relative permeability of coal: A review[J]. Transport in Porous Media, 106(3):563-594.